THE DATA MINDSET
PLAYBOOK

Un libro sobre Datos para Gente que
No Tiene Ganas de Leer sobre Datos

Gam Dias *&* Bernardo Crespo

DEDICATORIAS

De BERNARDO para:

Para mi querida Charo, Mateo, papá y mamá, tita Lola, Antonio, Elisa y sus familias

De GAM para:

Para K. A. y T., que me enseñaron lo que necesitaba saber y para A. y F. que me siguen enseñando.

ÍNDICE

PRÓLOGO

Soy físico de partículas de formación y realicé mi tesis de máster en el CERN estudiando el comportamiento de las partículas y fuerzas fundamentales que constituyen la materia y la radiación. Posteriormente fui contratado por Goldman Sachs, donde estudié el comportamiento del dinero. Más tarde me contrataron como científico jefe en Amazon para estudiar el comportamiento de las personas. En cada una de estas funciones me sumergí en el análisis de los rastros de datos dejados por las partículas, el dinero y las personas. Hoy ayudo a gobiernos y organizaciones a mirar hacia el futuro, a visualizar qué datos se generarán y a crear estrategias para desbloquear el enorme valor de esos datos.

Conocí a Gam Dias en 2010 en mi fiesta de cumpleaños en San Francisco. Acababa de salir de la vida corporativa para fundar junto con otro socio su propia consultoría de comercio electrónico. Estaba experimentando en redes sociales con un personaje digital ficticio. Rápidamente se unió a mis clases de Social Data Lab en las universidades de Stanford y Berkeley. Desde entonces me ha acompañado en conferencias y en la organización de talleres para clientes.

Gam ahora enseña en IE Business School en el programa de Transformación Digital de Bernardo. Juntos están llevando la ideología de los datos a una nueva generación de ejecutivos en puestos no técnicos. Sus observaciones disparatadas sobre los datos y los cambios de perspectiva en los problemas empresariales se basan en sus carreras trabajando en datos corporativos y toma de decisiones. Este libro encarna esta ideología y las conversaciones que hemos mantenido durante la última década, e incluye algunas de las historias que hemos creado juntos.

Si echamos la vista atrás medio siglo para entender la adopción tecnológica, vemos cómo los ordenadores han pasado de ser herramientas de investigación académica a procesar datos para grandes empresas, en tu escritorio, en la nube y en los dispositivos móviles en manos de ciudadanos de todo el mundo. De cara a la próxima década, vemos un Internet de las cosas, metaversos, blockchain, computación cuántica y nanomáquinas que operan dentro de nuestros propios cuerpos. El sustrato de toda la informática son los datos. Para aprovechar al máximo la tecnología informática, para dominar nuestros destinos en lugar de convertirnos en el producto de la cadena de valor de alguien, es urgente que comprendamos los datos. Especialmente cuando nuestras funciones en la sociedad o nuestros trabajos no están relacionados con el uso de datos.

The Data Mindset Playbook ofrece una introducción desenfadada pero profunda al mundo de los datos. Sobre el escenario cuento historias de hallazgos de datos ocultos, de cómo se analizan y malinterpretan los datos, de percepciones y revoluciones causadas por los datos. Puede que la tecnología haya sido superada, pero el poder de una buena historia acompañada de imágenes sigue vigente. Te invito a que leas esta colección de historias, te tomes tu tiempo para reflexionar sobre las imágenes y apliques el filtro de la mentalidad de datos (*data mindset* en inglés) a tus propios retos empresariales.

Un saludo,

Dr. Andreas Weigend, San Francisco, 2022

INTRODUCCIÓN

No hace mucho encargábamos a nuestros departamentos de Sistemas que encontraran respuestas. Las respuestas se hicieron más abundantes a medida que proliferaban las bases de datos, el reporting sistemático y las soluciones analíticas. Como todo el mundo era capaz de encontrar respuestas, éstas dejaron de aportarnos ventajas competitivas. Hoy en día, lo que hace que las empresas y las personas destaquen entre la multitud es hacer mejores preguntas.

Las preguntas más impactantes son las más ingenuas, como por ejemplo "¿Por qué es tan difícil conseguir un taxi cuando lo necesito?". Esa sencilla pregunta, combinada con la comprensión de los datos, cómo encontrarlos y analizarlos, dio lugar al negocio de la movilidad compartida. Con un modelo de negocio que desafió el legado de las normas del transporte urbano a escala mundial.

Durante más de una década hemos acompañado a líderes de organizaciones en sus viajes de transformación. Desde gigantes mundiales hasta organizaciones sin ánimo de lucro, desde ágiles empresas emergentes hasta algunas de las instituciones más antiguas, les hemos ayudado a desarrollar y ejecutar sus estrategias de datos. Nuestras intervenciones han abarcado la enseñanza, los talleres y la consultoría práctica. Nuestro objetivo siempre ha sido inspirar y guiar, y sabemos que el éxito de aquellos a los que hemos acompañado se debe a su capacidad para colaborar e iterar sobre el mismo reto de forma sucesiva.

Nos dimos cuenta de que estas organizaciones tenían algo en común. Los datos habían sido dominio exclusivo de los tecnólogos, lo que dejaba a la organización desprovista de conocimientos sobre datos. Las organizaciones tenían más datos de los que podían imaginar, pero institucionalmente carecían de imaginación sobre cómo utilizar esos datos para transformar su negocio, su sector y nuestro mundo.

Hemos estado en primera línea como desarrolladores y usuarios empresariales, realizando análisis o presentando perspectivas. Elaborando casos de uso que han dado lugar a inversiones estratégicas en datos. Y por el camino, hemos tenido el privilegio de trabajar, enseñar y presentar junto a algunos de los pensadores más innovadores e influyentes en materia de datos. El Dr. Andreas Weigend, cuyo trabajo ha profundizado en cómo utilizamos los datos y cómo los datos nos utilizan a nosotros, nos insta a cuestionarlo todo: "Corremos el riesgo de aceptar cualquier cosa que los algoritmos nos muestren sobre nuestra realidad". Este tipo de pensamiento crítico es fundamental para generar una mentalidad holística sobre los datos que necesitamos para mejorar cualquier desafío analítico.

Cuando nos enfrentamos al reto de desarrollar una estrategia de datos, una búsqueda en Internet nos devuelve innumerables libros blancos, plantillas y marcos de trabajo. Si siguen las indicaciones con diligencia, se obtendrá una estrategia de datos útil para cualquier organización, pero falta un elemento clave: la mentalidad de datos. En el aula y con nuestros clientes usamos historias para mostrar cómo pensar de forma diferente sobre los datos

En este libro incluimos estas historias y las hemos acompañado de imágenes para despertar tu imaginación. Para insinuar una visión de lo que podría ser posible para tu organización si explora en la búsqueda nuevos datos, si miras los problemas con una lente diferente y si desafías las suposiciones que han marcado su pasado a lo largo de su vida. Las imágenes y las historias trabajan juntas para esbozar una lección que puede aplicarse tanto a tus rutinas de datos como a tus retos diarios.

Léelo secuencialmente o abre las jugadas al azar. Léelo de una sentada o a lo largo de un año. Si deseas estructura y orientación, hemos incluido una guía de estudio al final y además hemos traducido el libro a un taller con una agenda que ayude a tu compañía a traducir los aprendizajes en una palanca de transformación. Sea cual sea la forma en que decidas leerlo, nos complace poder compartir contigo nuestra forma de pensar sobre los datos, y esperamos de corazón que te resulte útil.

Madrid, Septiembre 2022

JUGADA 0: UNA CONVERSACIÓN SOBRE LAS EMOCIONES DEL ESQUÍ

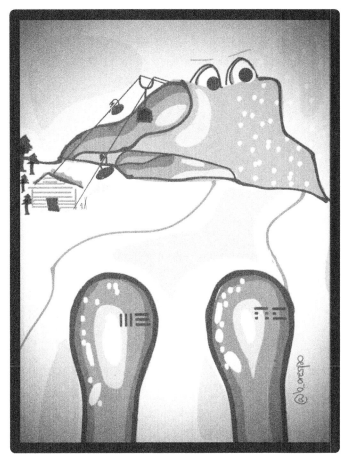

¿CÓMO NOS AYUDAN LAS HISTORIAS A MEMORIZAR LO APRENDIDO Y PONERLO EN PRÁCTICA? ¿CÓMO ACELERAN LAS CONVERSACIONES Y LAS EXPERIENCIAS EMOCIONALES?

En nuestra primera clase de esquí, nos encontramos de pie, aterrados, en la cima de una pendiente resbaladiza, mirando hacia abajo. El profesor nos explica que debemos inclinarnos hacia la pendiente, y que para controlar el equilibrio tenemos que confiar en que nuestros esquís apunten hacia la pendiente. El profesor está siendo inequívocamente claro, pero para nosotros, como novatos temerosos de sufrir una estúpida caída en la nieve, las instrucciones son contraintuitivas y aterradoras. Sin embargo, hay un momento en el que esas palabras y la acción se unen, encajando mentalmente en su sitio y adquiriendo sentido corporal. Cuando miramos hacia atrás y vemos ese instante exacto, sentimos que lo supimos desde el primer día, pero que nunca habíamos puesto la mente y el cuerpo al unísono hasta que se encendió la luz.

Esta experiencia, cargada de emoción, es la diferencia entre el entendimiento y la comprensión. Entre hacer un mensaje inteligible e interiorizarlo. El volver a repetir una lección aprendida y su anclaje emocional en nuestro cerebro es lo que cataliza la transferencia de memoria a corto plazo a memoria a largo plazo. Con el tiempo y después de cierta práctica, el aprendizaje pasa de ser conscientemente competente a ser inconscientemente competente, como conducir un coche. Este libro ha sido diseñado para desencadenar tus emociones comenzando cada jugada con un dibujo, y junto con el dibujo, una anécdota curiosa que ayude a proporcionar ese aprendizaje mente-cuerpo antes de compartir la lección explícita sobre cómo aplicar la mentalidad de datos a tus problemas estratégicos y tácticos. La última etapa, la competencia inconsciente como práctica, te la dejamos a ti.

Todos contamos historias, con clientes, en el aula y entre nosotros, mientras debatimos sobre los datos en el contexto de la privacidad, el metaverso, blockchain y la ética de la inteligencia artificial. Este libro, a modo de un manual de jugadas, destila las historias que contamos entre nosotros y con nuestros colegas, conversaciones que han inspirado la innovación, que han dado forma a la opinión y han cuestionado suposiciones comúnmente nunca cuestionadas. Cada historia en este libro forma parte de un libro de jugadas para mejorar tu mentalidad y hacerla más analítica: Jugadas para cultivar una mentalidad de datos.

Ambos somos ávidos seguidores del libro The Cluetrain Manifesto. Al principio de la historia de la World Wide Web (www), este libro relataba: *"Ha comenzado una poderosa conversación global. A través de Internet, la gente está descubriendo e inventando nuevas formas de compartir conocimientos relevantes con una velocidad vertiginosa. Como resultado directo, los mercados se están volviendo más inteligentes, ...y se están volviendo más inteligentes que la mayoría de las empresas"*. El Manifiesto Cluetrain cambió el rumbo de nuestras carreras y fue fundamental para escribir este libro. Tanto si eres un ejecutivo de alta dirección como un estudiante o simplemente un curioso de los datos, esperamos que este libro encienda la chispa de la inteligencia, la alfabetización y la creatividad de los datos para poder prender la llama de la creación de valor en tu propio entorno.

Aplicando una mentalidad de datos:

Cuando leas cada una de las jugadas a continuación -y no es casualidad que sean cincuenta y dos- piensa de antemano en las futuras conversaciones que mantendrás con tus colegas, compañeros y colaboradores. Ahí está el vínculo entre la comprensión y la transformación de tu realidad. Etiqueta cada capítulo, cada jugada, con una frase o un recuerdo sobre la conversación que desencadenaste tras leer esa jugada. Esta práctica te ayudará a hablar y comunicar en el lenguaje de los datos.

Elige una semana al azar del año y vuelve a leer aquellas jugadas que realmente te inspiraron y utiliza este libro para ayudar a otros a inspirarse. Poco después de leer este libro esperamos que también ayude a otros a tu alrededor a empezar a utilizar el lenguaje de los datos, a diseñar una nueva jugada en tu vida profesional, a escribir un nuevo capítulo de tu propia vida, a cambiar la vida de tus seres queridos y a crear un mundo mejor en el que muchos de nosotros podamos prosperar gracias a los datos.

Referencias de consulta

Levine, Locke, Searls & Weinberger. (1999) *"The Cluetrain Manifesto: A foundational reflection about the present and the future of the Internet."* https://www.cluetrain.com/

JUGADA 1: ¿DEBERÍAS VENDER O COMPRAR UN COCHE?

AUNQUE DISPONGAMOS DE DATOS SUFICIENTES PARA RESPONDER A UNA PREGUNTA, PUEDE QUE NO NOS GUSTE LA RESPUESTA QUE OBTENGAMOS. OBSERVAR LA MISMA INFORMACIÓN DESDE UNA PERSPECTIVA ALTERNATIVA PUEDE AYUDARNOS A SUPERAR NUESTROS PREJUICIOS.

Al ver que los precios del combustible suben, también notas que los costes de mantenimiento de tu viejo vehículo aumentan. Te debates entre venderlo o conservarlo. Debido al gasto creciente, te debates a favor de tomar el transporte público, taxis o viajes compartidos.

¿Cómo puedes resolver este dilema con una decisión que te deje satisfecho o satisfecha? ¿Y si pensaras que ya has vendido tu coche y te planteas volver a comprarlo por el mismo precio?, ¿No parece ahora que los pros de la comodidad superan a los contras del aumento del gasto?

El análisis Tewari del juego "Go" sugiere crear un escenario alternativo pero lógicamente equivalente para resolver una discusión o tomar decisiones. Cambiar el escenario puede ayudar a superar el sesgo del statu quo, algo que resulta muy útil cuando se analiza un proceso desde la perspectiva de los datos.

Aplicando una mentalidad de datos:

¿Existe algún problema que pueda resolverse con datos adicionales, datos que requieren una infraestructura costosa para su adquisición, preparación y mantenimiento? ¿Puedes justificar el coste para resolver el problema en cuestión?

Para invertir el escenario, céntrate en los datos e imagina cómo podrías mejorar tu negocio actual con los nuevos datos. ¿Y si la nueva infraestructura puede proporcionar aún más datos? ¿Puede ofrecer una mejor experiencia al cliente o reducir los costes con sus proveedores?

El análisis de Tewari plantearía: si no se hace la inversión, ¿qué se puede perder? Planifica un conjunto de escenarios con detalle, examinando detenidamente los costes y los beneficios para construir un sólido caso de retorno de la inversión para la nueva infraestructura. Cuando un director financiero puede comparar un proyecto de infraestructura de datos con una propuesta para incorporar un nuevo edificio o maquinaria a los activos de la compañía, el proyecto de datos puede tener más posibilidades de éxito.

Referencias de consulta

Autor Desconocido. ""El análisis de Tewari en la vida real"" ("Tewari Analysis in Real Life")   http://fuseki.net/home/Tewari-Analysis-in-Real-Life.html

JUGADA 2: ¿QUÉ DICE DE TI TU DESPERTADOR?

LAS FUENTES DE DATOS VALIOSAS PUEDEN ESTAR OCULTAS DELANTE DE SUS PROPIAS NARICES. PERO PARA VERLAS, PUEDE QUE TENGAS QUE PENSAR LATERALMENTE.

Algunas personas ponen un despertador y cuando oyen la alarma se levantan inmediatamente de la cama. Otras personas con relojes internos naturales ni siquiera necesitan un despertador. Otras pueden pulsar el botón de repetición tres o cuatro veces antes de saltar de la cama. ¿Con quién te sientes identificado?

Veamos los datos. Hay personas que ponen la alarma y otras que no. En el caso de los que ponen la alarma, mira la distribución de las veces que la gente pulsa el botón de repetición y observa el uso del botón de repetición por día de la semana y por hora del día. Estos son los segmentos de comportamiento de las personas que se despiertan de determinada manera cada día a distintas horas.

Si tienes otros datos sobre la población, ¿puedes encontrar en esos datos predictores de otros rasgos? ¿Hacen modificaciones en su calendario de reuniones, posponiendo y reprogramando reuniones? ¿Las personas que pulsan reiteradamente el botón de repetición compran de forma diferente en Internet? ¿Dejan cosas en la cesta de la compra durante varias visitas? Si existen correlaciones, ¿cómo podemos utilizarlas?

¿Dónde podemos recoger los datos de las repeticiones? Lo más probable es que el despertador de hoy en día sea un teléfono inteligente, una herramienta muy útil para recopilar datos. Si tu aplicación móvil incluyera un reloj con un botón de repetición, podría capturar esos datos y relacionarlos con otros comportamientos. Si silenciar repetidamente las notificaciones marca el mismo comportamiento que una repetición de la alarma, entonces una aplicación de correo electrónico proporcionará datos similares.

Las fuentes valiosas de datos pueden estar escondidas delante de tus propias narices. Pero para verlas, puede que tenga que pensar lateralmente.

Aplicando una mentalidad de datos:

Si buscas entender el comportamiento de tus clientes o de tus empleados. ¿Hay algo que la gente haga que pueda revelar un rasgo que sea importante para ti? ¿Qué formas creativas hay de recoger los datos que muestren esos rasgos?

JUGADA 3: ¿ERES UN ALQUIMISTA DE LOS DATOS?

EL HISTORIAL DE BÚSQUEDAS EN INTERNET ES
UNA RICA MINA DE DATOS SOBRE LAS
INTENCIONES DE LA GENTE. ¿CÓMO
CONVERTIR EN ORO ESOS DATOS QUE
DEJAMOS ATRÁS?

La World Wide Web no para de crecer y, navegar por ella, se hace más complejo cada segundo. Los buscadores más populares permiten a los usuarios buscar en la red de forma gratuita. La búsqueda gratuita ha cambiado nuestras vidas.

Buscamos zapatos y fontaneros, buscamos música, comprobamos nuestros propios síntomas de gripe y aprendemos a hacer pan de masa madre. Al hacerlo, dejamos tras nosotros un rastro de datos de los términos de búsqueda que utilizamos, cookies y archivos de registro en el navegador. Esto es lo que se conoce en inglés como *data exhaust* y consiste en el rastro de datos del proceso de búsqueda, residuos de datos que confirman nuestra huella digital y que parecen no tener un valor inmediato. Datos que se nos caen como los gases que expulsa un tubo de escape.

Los proveedores de motores de búsqueda analizan el historial de búsquedas y clics para mejorar continuamente los resultados de las búsquedas, clasificando la popularidad relativa de cada sitio para cualquier término de búsqueda.

A continuación, cambian el enfoque del análisis de datos del sitio al usuario. Observando el historial de búsqueda de un usuario a lo largo del tiempo, obtienen una visión profunda de lo que cada usuario piensa y hace. Un usuario que remodela su casa seguirá una secuencia de búsquedas desde ideas de diseño hasta mobiliario, contratistas y materiales. Al prepararse para el nacimiento de un bebé, el usuario lee reseñas de hospitales, busca consejos, ropa de bebé, equipamiento para la guardería. La secuencia es tan precisa que la fecha de nacimiento puede estimarse con suficiente exactitud. Se revela la intención, el momento y las preferencias.

La publicidad en buscadores es una técnica para rentabilizar esos datos de búsqueda mediante subastas en tiempo real de espacios publicitarios basados en el término de búsqueda introducido. Para alimentar los motores de subasta, las empresas de búsqueda estudian y analizan continuamente nuestras preferencias, hábitos y vicios. El modelo de publicidad en buscadores estimula la creación de contenidos, contenidos que pueden ser buscados alimentando la publicidad en buscadores.

¿Existe un círculo virtuoso que permita a tu proyecto de datos crecer exponencialmente?

Aplicando una mentalidad de datos:

¿Cuál es el escape de datos (o *data exhaust*) que se crea a partir de tu negocio u operación? Cuando recopilas y analizas esos datos, ¿qué información básica encuentras?

¿Qué podrías descubrir si cambiara la perspectiva de tu análisis? ¿Cómo puedes utilizar esta información para mejorar tus propias operaciones? ¿Hay alguien más a quien le pueda resultar útil la misma perspectiva o alguna relacionada utilizando esos datos "que se escapan"?

JUGADA 4: ¿HAS PENSADO ALGUNA VEZ EN MEZCLAR CAFÉ Y TÉ?

MEZCLAR DOS CONSTRUCTOS MUY DIFERENTES PUEDE REVELAR ALGO NUEVO Y MEJORADO.

El café y el té son bebidas muy comunes y apreciadas, pero rara vez las vemos combinadas. ¿Por qué no? El YuenYeung, o Cofftea, tiene tres partes de café y siete de té con leche al estilo de Hong Kong y se anuncia como "la mejor bebida que no estás tomando".

Pensemos en otra combinación improbable: coches y trenes. El tráfico en vías rápidas se comporta como una onda expansiva, parando y arrancando. El frenazo de un conductor se convierte en una gran desaceleración. Si cada conductor mantuviera una velocidad constante y pudiera cambiar de carril sin frenar bruscamente, podría reducirse la frecuencia de las ralentizaciones en cadena. Mejoraríamos los atascos.

Si los coches estuvieran interconectados mediante un simple intercambio de datos, podrían percibir el frenazo del coche que circula detrás o delante. A medida que cada coche se incorpora al flujo de tráfico de la autopista, detecta e iguala el flujo de tráfico.

No pasará mucho tiempo antes de que los coches totalmente conectados puedan circular juntos, funcionando como si fueran trenes. Pero incluso antes de que los coches dispongan de plena autonomía en la autopista, una sencilla aplicación móvil podría "gamificar" cada trayecto para lograr un comportamiento más eficiente del conductor. Penalizando con puntos el clásico efecto de contracción-expansión que se produce cada vez que un coche frena bruscamente, forzando al resto de conductores a mantener una distancia de seguridad adecuada y su efecto contrario de expansión, cuando el tráfico retoma de nuevo la velocidad estándar previa.

Aplicando una mentalidad de datos:

Observa dos procesos de la cadena de valor de tu empresa que estén creando datos pero que funcionen de forma independiente. ¿Existe algún dato de conexión que una ambos procesos, quizás indicadores comunes o mismos intervinientes?

¿Cómo puedes aprovechar este intercambio de datos para crear algo nuevo a partir de un híbrido de dos conceptos?

Referencias de consulta

Ewbank, Anne. "Yuenyeung, el matrimonio perfecto entre café y té." ("Yuenyeung, The perfect marriage of coffee and tea."), *Gastro Obscura,* https://www.atlasobscura.com/foods/yuenyeung

JUGADA 5: ¿QUÉ PASA CUANDO TE PRUEBAS EL SOMBRERO DE OTRO?

¿QUÉ VERÍAS DIFERENTE A TRAVÉS DE LOS
OJOS DE ALGUIEN CON HABILIDADES Y
EXPERIENCIA DISTINTAS?

Todo el mundo tiene su propia función o especialidad, como las finanzas o el transporte. ¿Cuál es la tuya? Deja a un lado tu perspectiva por un momento.

Piensa en lo que podrías ver si echaras otro vistazo a tu empresa a través de los ojos de otro especialista. Si un experto en recursos humanos mirara los datos de la cadena de suministro o un experto en retail los datos de la atención sanitaria, ¿qué puedes ver tú desde otro punto de vista?

Elijamos un par de expertos con motivaciones diferentes. En primer lugar, el director financiero, cuyas preocupaciones son la previsibilidad, el flujo de caja y el riesgo. Y en segundo lugar, un operador de divisas que piensa en lo rápido que puede detectar una ventaja antes de que desaparezca la oportunidad.

A todos los directores financieros les preocupa la gestión de gastos. Ejecutan informes sobre los gastos presentados por departamento y empleado para poder encontrar a los que más gastan e identificar las categorías de gastos anormalmente altas. Pueden evaluar los anticipos de efectivo, las posibles reclamaciones duplicadas y quizás quién está tardando demasiado en presentar sus informes de gastos.

Ahora bien, ¿cómo vería el operador de divisas los datos de gastos? Los operadores de divisas observan los movimientos relativos entre pares de divisas y pronostican tendencias para explotar un tipo de cambio. Un operador de divisas que analice los datos de gastos presentados por las aerolíneas y las cadenas hoteleras se fijará en la evolución de los gastos con cada proveedor a lo largo del tiempo. Esta información podría utilizarse para negociar descuentos por volumen o acuerdos de referencia

Aplicando una mentalidad de datos:

Toma el problema de negocio o de datos que estás analizando y juega el papel de un experto de un dominio diferente. Haz las preguntas que ellos harían y observa cómo pueden darte una perspectiva diferente, quizás creando nuevas oportunidades para aumentar los ingresos o reducir los costes.

JUGADA 6: CLÁUSULA "M&M'S NO MARRONES" DE VAN HALEN

PODEMOS DISEÑAR SISTEMAS COMPLEJOS DE
GESTIÓN DEL RENDIMIENTO, PERO SIGUE
HABIENDO EXCEPCIONES QUE SE NOS ESCAPAN
DE LAS MANOS. ¿CÓMO PODEMOS INTEGRAR
LOS CONTROLES Y EQUILIBRIOS EN EL MISMO
PROCESO?

El grupo Van Halen era conocido por una cláusula en los contratos de sus giras que exigía un gran cuenco de M&M en el vestuario de la banda, pero sin ningún M&M de color marrón. A primera vista parece la excentricidad clásica de una estrella de rock, pero la realidad es muy distinta. Se trataba de una cláusula trampa.

Van Halen fue el primer grupo que llevó de gira un nuevo y complejo espectáculo de luces, con un equipo que requería instalaciones especiales para garantizar la seguridad.

Los promotores tenían fama de no leerse los contratos (hay que tener en cuenta que los anexos a los contratos eran a menudo del tamaño de una guía telefónica). Van Halen incluyó la cláusula M&M's en la parte central del contrato. "Habrá enchufes de alta tensión de 12 amperios colocados a 15 pies, sin exceder...", etc. Y justo después de esa importante instrucción de seguridad, colocaban otra cláusula: "No se encontrarán M&M marrones en la zona de bastidores o el promotor perderá todo el espectáculo por el precio total".

Si el grupo llegaba a un concierto y encontraba M&M marrones en la mesa del catering, era señal inequívoca de que el promotor no había leído el contrato. Esta advertencia ponía de manifiesto posibles problemas de seguridad y provocaba una revisión exhaustiva de la misma.

Los sistemas de detección temprana detectan los problemas en una fase inicial y desencadenan acciones que, con suerte, aislarán y contendrán el problema. Cuando se trata de datos, esta detección temprana aumenta la escalabilidad de forma exponencial.

Aplicando una mentalidad de datos:

A la hora de diseñar un nuevo proceso, ¿cuáles son las limitaciones aplicadas al proceso o los indicadores de que el proceso no funciona correctamente? ¿Hay riesgos específicos u obligaciones de cumplimiento que deban tenerse en cuenta?

Piensa en qué componente adicional en la recolección de datos o en el intercambio de información puede añadirse fácilmente para facilitar la regulación del proceso en cuestión.

Referencias de consulta

"David Lee Roth cuenta la historia detrás de la leyenda M&M's no marrones" ("David Lee Roth tells the story behind the 'no brown M&Ms' legend"), *ImBigOnReddit channel on YouTube*, http://youtu.be/_IxqdAgNJck

JUGADA 7: ¿CUÁL ES LA PERSPECTIVA MÍNIMA VIABLE?

¿QUÉ OCURRE CUANDO UN EQUIPO ESTÁ
DESESPERADO POR ENCONTRAR UNA GRAN
IDEA DE ANÁLISIS? LOS EFECTOS DE LA FALACIA
DEL COSTE HUNDIDO Y EL PENSAMIENTO
BASADO EN LOS RESULTADOS.

Un fabricante de dispositivos conectados los diseñó para que también enviaran datos de rendimiento que permitieran controlar el estado de las instalaciones de sus clientes.

Normalmente, sus clientes actualizaban o renovaban su dispositivo periódicamente, o cancelaban el servicio y devolvían el dispositivo. Los analistas de operaciones de ventas tenían la corazonada de que los datos de los dispositivos instalados podrían utilizarse para predecir lo que haría cada cliente a continuación: renovar, actualizar o cancelar.

El equipo decidió poner en marcha un proyecto para llevar a cabo el análisis. Basándose en su gran estimación de los beneficios potenciales, se aprobó un presupuesto importante para adquirir y preparar los datos y ampliar la infraestructura existente para su procesamiento y almacenamiento.

Tardaron 6 meses en preparar los datos y realizar el análisis. Sin embargo, seguían sin poder hacer una predicción precisa. Ampliaron el proyecto otros 6 meses para buscar mejores datos. Encontraron una débil correlación entre los dispositivos de bajo rendimiento que requerían asistencia y las renovaciones de clientes. Esta correlación fue suficiente para presentarla a sus patrocinadores, que siguieron la recomendación de contratar un nuevo equipo de ventas en las tiendas.

Un año más tarde, el departamento de ventas a pie de calle se disolvió después de tener poco efecto en las renovaciones y los analistas fueron trasladados a otros proyectos.

La empresa sabía que había malgastado tiempo y dinero, aunque no llevó a cabo un análisis formal de la toma de decisiones que llevó en su momento a aprobar el proyecto. El equipo dedicó tiempo y esfuerzo y además coste reputacional. Todo lo anterior se debió a un sesgo cognitivo conocido como "la falacia del coste hundido". La empresa tomó una decisión irracional debida a factores sin incidencia sobre las alternativas actuales.

Hubo un error mayor. La empresa analizó el resultado fallido, cerró la línea de inversión, puso fin al proyecto y disolvió los equipos. No se reservaron el tiempo necesario para comprender el sistema de decisiones que condujo al error.

Esta es la diferencia entre el pensamiento basado en los resultados y el pensamiento basado en el sistema.

Aplicando una mentalidad de datos:

Cuando te propongan un nuevo proyecto, adopta un enfoque de Perspectiva Mínima Viable en el que realices el análisis adecuado para demostrar que el siguiente paso será viable.

En primer lugar, elabora una hipótesis sólida y ponla a prueba con una pequeña cantidad de datos. Si el resultado es positivo, aumenta el nivel de inversión y vuelve a probar. Puede que descubras que has rebatido tu hipótesis original, pero eso también es buena ciencia. Puedes revisar la hipótesis y volver a hacer la prueba con otra pequeña inversión.

Los datos te dirán siempre algo, aunque no sea lo que quieres oír. Empieza poco a poco y repite. Pasito a pasito. Tal y como lo hace un bebé cuando empieza a caminar.

Referencias de consulta

¿Por qué es probable que sigamos con una inversión aunque lo racional sería renunciar a ella? https://thedecisionlab.com/biases/the-sunk-cost-fallacy

El secreto para tomar decisiones que comparten Pixar y un campeón mundial de ajedrez. https://marker.medium.com/the-decision-making-secret-shared-by-pixar-and-a-world-chess-champion-538c69015ee7

JUGADA 8: DAR DATOS PARA OBTENER DATOS

¿CÓMO SE PUEDE PRETENDER INICIAR UN
PROYECTO DE ANÁLISIS CUANDO NO SE
DISPONE DE ABSOLUTAMENTE NINGÚN DATO?
EL CUENTO POPULAR DE LA SOPA DE PIEDRA
OFRECE UN ENFOQUE VALIOSO.

Una viajera cansada se detuvo a pasar la noche en un pueblo. Preguntó dónde podría conseguir algo de cena. Los aldeanos, que apenas tenían para sobrevivir, no se dignaron a ofrecerle nada de comer.

Sin inmutarse, la viajera sacó de su bolsillo una piedra de río, pidió una olla de agua y leña para hacer fuego. Colocó la piedra en el agua y empezó a remover. "Voy a hacer sopa de piedra", anunció.

Al cabo de un rato, probó la sopa, se lamió los labios y dijo: "Es una buena sopa, pero le falta un toque de sal". Una aldeana se acercó con un salero, añadió un poco de sal y volvió a probar. "Gracias", respondió la viajera, "qué sopa tan excelente, pero si pudiera añadirle una zanahoria". Otro aldeano pudo encontrar una zanahoria que fue añadida a la sopa.

"Esta sopa es exquisita, pero un par de patatas la harían aún más deliciosa" De nuevo, los aldeanos pudieron complacerle. Mientras el aroma de la sopa se extendía por todo el pueblo, una cebolla, huesos de pollo, una col y salchichas fueron donados por los aldeanos sucesivamente.

"Esta es la sopa más rica y sustanciosa que he probado nunca. Por favor, traigan sus cuencos y cucharas y compártanla conmigo", anunció la viajera a los aldeanos. Y así, todos disfrutaron de una comida deliciosa.

Los programas de fidelización de las aerolíneas son una sopa de piedra de datos. Al adherirse al programa, los pasajeros informan a la aerolínea cada vez que compran y utilizan un billete. A cambio, los pasajeros pueden ver su historial de millas y obtener recompensas. Ahora la aerolínea puede saber cómo busca un cliente un vuelo, cuánto paga, con cuánta antelación lo compra y adónde viaja. La inteligencia obtenida vale mucho más que las recompensas ofrecidas.

Aplicando una mentalidad de datos:

¿Te faltan datos importantes y no tienes una forma clara de obtenerlos? ¿Dispones de algunos datos que hayan dejado inconscientemente tus clientes con los que puedes crear una propuesta valiosa para el cliente? Una propuesta que pueda servir para recopilar datos adicionales.

Observa los activos de datos que ya tienes. Piensa en los datos que te faltan. A continuación, intenta averiguar cómo puedes poner algún cebo e idear un proceso para recopilar nuevos datos.

Referencias de consulta

"Sopa de piedra, una antigua parábola inglesa" (Stone Soup, An Old English Parable) https://www.beliefnet.com/faiths/pagan-and-earth-based/2002/01/stone-soup-an-old-english-parable.aspx

"Sopa de Piedra en Oaxaca" (Stone Soup Rocks in Remote Oaxaca)

https://www.nationalgeographic.com/culture/article/follow-the-path-of-the-real-stone-soup-to-remote-oaxaca

JUGADA 9: TIENES MEJORES DATOS QUE LA MEJOR RED SOCIAL

ES POSIBLE QUE TU EMPRESA YA DISPONGA DE DATOS DE MEJOR CALIDAD QUE CUALQUIER PLATAFORMA DE MEDIOS SOCIALES. NO DEBERÍA SORPRENDERTE.

Puede que tengas muchos seguidores sociales pero sólo hayas conocido físicamente a un pequeño porcentaje. Entre los amigos de tu comunidad social podría haber un número de personas que ni siquiera conoces. De hecho, muchos de los datos presentados en las redes sociales son falsos e incluso los usuarios reales son falsos. Cumpleaños, ciudad de origen, empleadores... pueden ser enteramente incorrectos.

Las redes sociales profesionales son un espacio más veraz sólo porque actúan como una extensión de nuestros entornos profesionales. Pero, ¿qué pasaría si una persona añadiera allí unos cuantos empleos falsos: quién lo comprobaría? Probablemente nadie, a no ser que se etiquetara sí mismo como presidente de un país, e incluso en ese caso probablemente se saldría con la suya.

Cuando se trata de analizar datos de redes sociales y utilizarlos para estudios de propensión, análisis de riesgos o elaboración de perfiles de comportamiento, recuerde que es probable que los datos sociales sean ficticios.

Sin embargo, si tu organización tiene transacciones reales con personas reales -quizás con direcciones físicas reales o compras con tarjeta de crédito- , estos datos están autenticados y, por tanto, son más valiosos que los de cualquier red social. Al recopilar datos personales, es importante hacerlo con el permiso explícito del interesado. Para aumentar el valor de los datos, es vital que obtenga permiso para utilizar esos datos de la forma que pretende, sin causar potencialmente daño a ningún individuo o grupo.

Aplicando una mentalidad de datos:

¿Tienes transacciones reales en las que aceptas dinero o manejas datos sobre personas o grupos que pueden autenticarse con la transacción de otra persona?

Las llamadas telefónicas entre dos partes a lo largo de un periodo son datos muy reales y tangibles que pueden demostrar una relación. Esos datos son más valiosos que cualquier dato de las redes sociales. Si una plataforma de redes sociales puede ganar casi 50 millones de dólares vendiendo información de algún tipo, ¿cuánto valen tus datos y para quién son valiosos tus datos?

Referencias de consulta

Data for the People, de Dr Andreas Weigend - Capítulo 3
https://weigend.com/en

"Olvídate del valor de la OPV, ¿cuánto valen los datos de Twitter?"
(Forget IPO value, what's Twitter's data worth?)
http://www.cnbc.com/id/101103596#!

Zero-Party Data vs. Declared Data

https://medium.com/privacycloud/zero-party-data-vs-declared-data-3cd5b2913667

JUGADA 10: EL PROGRAMA DE APUESTAS PARA UNA CARRERA

SI TUVIERAS QUE CREAR UN EQUIPO DE
PROYECTO DE ENSUEÑO, ¿QUÉ PARÁMETROS
MEDIRÍAS? ¿DE DÓNDE PUEDES SACAR DATOS
PARA PODER FORMAR UN EQUIPO GANADOR?

Las empresas de consultoría son expertas en la gestión de recursos. Equilibrar el número de consultores con el número de proyectos de los clientes es esencial para su rentabilidad. Por otro lado, los clientes quieren conseguir los mejores consultores para su proyecto concreto.

Se invierte mucho tiempo y energía en seleccionar al mejor equipo de consultores para trabajar en el proyecto de un cliente. En este proceso de decisión es donde podemos encontrar una oportunidad para utilizar los datos.

Elegir a un consultor es como apostar a un caballo. En el deporte de las carreras de caballos, los apostantes tienen un programa de apuestas que muestra el historial de cada caballo en una carrera: un historial de rendimiento reciente, qué otros caballos corrieron y en qué posición terminó finalmente el caballo. El programa de apuestas también muestra el hipódromo, el jockey, el tipo de carrera, el tiempo y las condiciones del terreno que prefiere e información sobre el peso. Estos datos detallados permiten al apostante tomar una mejor decisión.

Llevar un cuaderno por cada consultor asignado a un proyecto permite conocer el historial del proyecto, los demás consultores del equipo y el índice de éxito de los proyectos en cuanto a objetivos, costes y plazos, de forma similar a un caballo de carreras. El cuaderno de consultores incluiría las combinaciones de consultores que han funcionado bien juntos y han dado los mejores resultados.

Aplicando una mentalidad de datos:

¿Hay algún problema de asignación de recursos? ¿Cómo puedes encontrar el mejor recurso disponible para un proyecto? ¿Puedes aprovechar los datos históricos para tomar mejores decisiones? ¿Qué procesos puedes establecer a mitad de ciclo para garantizar que los datos históricos se recopilan y están disponibles para su uso futuro? ¿Dispones del permiso de todas las partes para recopilar y utilizar estos datos? ¿Qué ventajas explicarías a los recursos para animarles a compartir sus datos?

JUGADA 11: SI LO HUBIERA SABIDO ANTES

LOS RESPONSABLES DE LA TOMA DE
DECISIONES EMPRESARIALES SE QUEJAN A
MENUDO DE QUE "SE AHOGAN EN DATOS PERO
NO TIENEN INFORMACIÓN". ¿PODEMOS
UTILIZAR LA RETROSPECTIVA 20/20 PARA
EVITARLO?

Dicen que la retrospectiva debe ser 20/20. El 20/20 indica la visión normal de una persona a 20 pies de distancia. Una persona con visión normal debería reconocer las letras de la fila 20/20 sin ningún problema. ¿Alguna vez has tomado una decisión y después has deseado haber hecho otra cosa?

¿Viajaste para una reunión de negocios y te diste cuenta de que ambas partes estarían en la misma conferencia la semana siguiente? ¿Compraste una caja de clips y descubriste más tarde que había diez cajas en otro departamento o sección de la tienda a un premio unitario muy inferior?

Los datos deben ayudarte a analizar la información adecuada en el momento oportuno, esto es, justo antes de tomar una decisión de forma que nunca tengas que decir: "¡Si lo hubiera sabido antes!".

Mientras programo esa reunión, ¿puedo ver los planes de viaje futuros de la otra parte (si me lo permiten)? Mientras pido un producto, déjame ver el inventario de la oficina y la ubicación de ese producto o de posibles alternativas.

En las grandes organizaciones suele haber una enorme acumulación de responsables de la toma de decisiones que solicitan informes. Para satisfacer al mayor número posible de usuarios, se generan muchos informes. Normalmente, la actividad que más tiempo consume es la búsqueda y preparación de los datos y la elaboración del informe. Lo que puede dar lugar a un denso informe con un rico conjunto de parámetros variables. Sin embargo, ese informe puede que proporcione grandes respuestas a las preguntas equivocadas.

Un gran departamento de inteligencia de negocio procura disponer del tiempo suficiente para comprender realmente las decisiones que tomará. A veces, incluso la base de la toma de decisiones se cuestiona para producir mejores conocimientos. Representa la decisión y sus repercusiones para ver lo que una retrospectiva 20/20 o una visión perfecta del pasado debería y podría ofrecerte.

Aplicando una mentalidad de datos:

Examina un proceso empresarial de tu organización y enumera las decisiones que se toman en cada etapa. ¿Qué información se utiliza para respaldar esa decisión?

¿Cuáles son los resultados no deseados o subóptimos de esa decisión? ¿Existe algún otro dato que pudiera orientar mejor la decisión? ¿Cómo obtendrías los datos, los procesarías y se los presentarías al responsable de la toma de decisiones antes de que tome cualquier decisión?

JUGADA 12: ¿QUIÉN HABLA CON QUIÉN?

TODA ACTIVIDAD EN UNA ORGANIZACIÓN O
ENTRE ORGANIZACIONES GENERA ALGÚN TIPO
DE DATOS. CUANDO MIRAMOS EN
PROFUNDIDAD, EMPEZAMOS A DARNOS
CUENTA DE LOS DATOS Y PODEMOS IMAGINAR
CÓMO PODRÍAMOS ANALIZARLOS.

Existen muchos servicios de videoconferencia y todos son relativamente fáciles de usar. Un anfitrión programa una reunión e invita a otros participantes. Todos se conectan a la hora programada, realizan la llamada y se desconectan. Conseguir que las videoconferencias y las audioconferencias funcionen sin problemas a través de múltiples conexiones a Internet, a menudo irregulares, es un reto técnico que ya ha sido solucionado con gran eficacia. Adicionalmente, en segundo plano se genera una gran cantidad de datos valiosos.

En primer lugar, el anfitrión proporciona algunos detalles para establecer la llamada: el correo electrónico del anfitrión, el título de la llamada y el horario. Durante la llamada podemos ver cuántas personas participaron y durante cuánto tiempo, la duración real de la llamada, qué personas se presentaron, las interacciones escritas en el chat, quién habla más y quién menos. Las llamadas recurrentes revelan patrones como el número de participantes, la hora del día, las ubicaciones, quiénes son los líderes y quiénes no participan.

¿Qué se puede hacer con esos datos? Durante la llamada, la voz puede transcribirse a texto con gran precisión. Las conversaciones pueden analizarse de varias formas, en tiempo real, para obtener traducciones e información relevante desde dentro del cortafuegos o desde la web. A posteriori y offline, los textos pueden analizarse para ver qué temas se trataron y con qué intensidad.

¿Puede la empresa de videoconferencias enviar a sus clientes un informe de gestión en el que se destaquen estos comportamientos organizativos? ¿Podría serle útil a un departamento de RRHH que intenta crear un lugar de trabajo más inteligente? ¿Podemos trazar un mapa de las interacciones entre departamentos o grupos funcionales? Sumado al tráfico de correo electrónico, podemos ver con qué eficacia se comunica una organización. ¿Puede el nivel de actividades de conferencia entre las direcciones de correo electrónico de una empresa predecir acuerdos comerciales u otros patrones entre organizaciones?

Obviamente, estos datos no pueden utilizarse sin el permiso de los clientes o de los usuarios, pero examinar los datos que sustentan algo tan rutinario como una conferencia telefónica nos permite ver lo que es posible.

Aplicando una mentalidad de datos:

Piensa en un proceso empresarial en el que estés trabajando. ¿Quiénes son los intervinientes, qué acciones realizan individualmente y en conjunto? ¿Qué variaciones de comportamiento hay entre las distintas partes y en diferentes momentos en el tiempo? ¿Qué datos se generan y cuántos se recogen?

Investiga en profundidad el proceso empresarial con el que estás trabajando para construir un modelo de entidad más detallado que el necesario para dar soporte al proceso en concreto.

Los datos que recopilamos sobre determinadas entidades pueden ayudarte a ver patrones y tendencias que pueden predecir resultados en otras áreas de tu empresa.

JUGADA 13: LA VIDA DE UNA SOLA MILLA AÉREA

A MENUDO NUESTRA EXPERIENCIA ORIENTA
NUESTRA FORMA DE PENSAR SOBRE LOS
COLECTIVOS, PERO LOS DATOS SUBYACENTES
QUE SE GENERAN PUEDEN APORTAR UNA
PERSPECTIVA ALTERNATIVA PARA ENCONTRAR
NUEVAS FORMAS DE CREAR VALOR.

Los profesionales del marketing definen segmentos de clientes, cohortes de clientes similares, para comprender las relaciones e interacciones a lo largo del tiempo. Las distintas necesidades de cada segmento pueden utilizarse para crear productos y servicios más útiles, y para personalizar los mensajes.

Las aerolíneas han desarrollado algunos de los programas de fidelización de clientes más sofisticados para analizar las pautas de vuelo de millones de socios. Las aerolíneas segmentan a los pasajeros por tipo de viajero, por ejemplo, motivación (viajeros de negocios, ocio), edad, nacionalidad, etc. Por ejemplo, los viajeros de negocios pagarán más por una cama reclinable porque les permitirá llegar totalmente descansados y listos para trabajar. Sin embargo, los segmentos suelen ser definidos desde la posición de los responsables de marketing basándose en su experiencia e intuición.

Una forma alternativa de segmentar sería profundizar en los datos. ¿Y si analizáramos el ciclo de vida de cada milla volada por un viajero? En qué tipo de vuelo se ganó la milla, cuánto tiempo permaneció en la cuenta del socio y cómo se gastó.

Dos viajeros de negocios pueden tener exactamente el mismo número de millas en sus cuentas, pero sus comportamientos de obtención y uso pueden ser claramente diferentes. Uno puede acumular sus millas en un pequeño número de viajes intercontinentales y gastarlas inmediatamente en vacaciones familiares. Otro puede volar en muchos vuelos nacionales y ahorrar sus millas durante años antes de canjearlas por subidas de clase. Está claro que estos dos viajeros pueden tener perfiles de productos y ofertas muy diferentes.

El estudio de todo el universo de afiliados proporcionará información sobre las pautas generales de los viajeros en diferentes segmentos.

Aplicando una mentalidad de datos:

Considera tu proceso de negocio como un conjunto de transacciones unitarias que realiza cada cliente o *stakeholder*. La mayoría de los procesos tienen múltiples pasos, pero por debajo, puede haber una micro-transacción común que se repite en todos los pasos. Esa micro-transacción puede utilizarse como agregado base para revelar un buen o un mal rendimiento.

JUGADA 14: CENICIENTA, DEBE IR AL BAILE

TODAS LAS EMPRESAS TIENEN UN CONJUNTO DE FUNCIONES POCO GLAMUROSAS QUE PROCESAN GRANDES VOLÚMENES DE TRANSACCIONES. ESAS ACTIVIDADES FUERA DE LA CADENA DE VALOR GENERAN MUCHOS DATOS CON UN ALTO VALOR POTENCIAL.

Una cadena de valor es un conjunto de funciones empresariales necesarias para ofrecer un producto o servicio valioso para los clientes. Por ejemplo, la cadena de valor del comercio minorista incluiría las compras, la cadena de suministro, el almacenamiento, la distribución, las tiendas y el servicio de atención al cliente. Una clínica dental tiene una función de adquisición de equipos y consumibles, admisión y programación de pacientes, operaciones dentales y facturación.

Las cadenas de valor se basan en la visión del proceso organizativo de una compañía de productos o servicios como un sistema, compuesto por subsistemas, cada uno con sus propias entradas, procesos de transformación y salidas. La ejecución de la cadena de valor repercute en los costes e impacta en la generación de resultados.

Las organizaciones utilizan los datos para optimizar su cadena de valor en concreto. Un fabricante de automóviles se centra en los datos de fabricación y de la cadena de suministro para aumentar la capacidad de respuesta y reducir costes. Los datos de desarrollo y prueba de medicamentos son clave para el éxito de las empresas farmacéuticas. Los proveedores de telefonía móvil analizan exhaustivamente los datos de las llamadas.

Según el modelo de Porter, cada organización necesita funciones de apoyo: finanzas, jurídico, compras y RRHH. Estas funciones pueden subcontratarse a veces, y la gestión de la eficiencia se convierte en un problema del subcontratista.

Los datos creados por las funciones *back-office*, las organizaciones "Cenicienta", ofrecen un gran valor. Por ejemplo, el procesamiento de facturas, los registros de procesos y los datos de nóminas y fichas de cómputo de horas pueden analizarse para encontrar nuevas fuentes de beneficios. Además, los datos "oscuros", como los antiguos tickets de atención al cliente o los correos electrónicos de seguimiento, pueden utilizarse para detectar patrones, tendencias y anomalías.

Estas funciones de back-office, fuera de la cadena de valor, a menudo se descuidan en el análisis debido a su bajo valor unitario. No obstante, su alta frecuencia da muestras de su impacto potencial. Por ejemplo, en un departamento de facturación si todos los proveedores reciben el mismo trato, la administración necesaria para validar y aprobar a cada proveedor es considerable. Dar el visto bueno a los proveedores fiables ahorra un gran esfuerzo y dedicación, liberando recursos experimentados para ocuparse de proveedores nuevos o más propensos a cometer errores de facturación.

Aplicando una mentalidad de datos:

Enumera las funciones de apoyo de tu organización. A continuación, habla con alguien de cada función y pregúntale si necesita nuevos informes o análisis. Piensa en los datos que recogen o generan esos grupos y en cómo los utilizan. Tanto si se trata de análisis sencillos como de combinar fuentes de datos actualmente aisladas, es posible que encuentres oportunidades para crear mucho valor.

Referencias de consulta

La cadena de valor fue popularizada por primera vez por Michael Porter en su best-seller de 1985, Competitive Advantage: Creating and Sustaining Superior Performance. http://resource.1st.ir/PortalImageDb/ScientificContent/182225f9-188a-4f24-ad2a-05b1d8944668/Competitive%20Advantage.pdf

La cadena de valor de la odontología https://www.aegisdentalnetwork.com/id/2018/06/the-value-chain

El auge de los datos oscuros y su significado para las facturas por pagar https://kefron.com/uk/2016/07/the-rise-of-dark-data-and-what-it-means-to-accounts-payable/

JUGADA 15: UTILIZACIÓN DE DATOS PARA LA INSTALACIÓN DE BARRERAS CONTRA INUNDACIONES

A MENUDO VIGILAMOS LAS MÉTRICAS DE UN COSTE O UN PROBLEMA EMPRESARIAL. PERO QUIZÁ LA MÉTRICA QUE ESTAMOS VIGILANDO RESUELVA O REMEDIE EL PROBLEMA EN SÍ.

Una compañía de seguros emite pólizas para cubrir el riesgo que puedan sufrir tanto las viviendas como su contenido. Para evaluar el riesgo, se fijan en cómo está construido el edificio, a qué distancia está de una boca de incendios, las condiciones meteorológicas locales y otras características del edificio y la zona.

Si el edificio está cerca del agua (un río, un lago o el mar), también examinan los patrones de inundación de la zona. Para ello pueden utilizar un mapa de inundaciones que calcula la probabilidad de que el edificio se inunde tras una determinada cantidad de lluvia.

Para los edificios con mayor riesgo de inundación tras una pequeña precipitación, en algunos países las aseguradoras envían a los propietarios del inmueble un dispositivo que minimiza los daños por inundación: una barrera de tela impermeable que puede desembalarse rápidamente y enrollarse alrededor de la casa. Una parte vertical para cubrir las paredes y otra horizontal que se extiende hasta el suelo. A medida que el agua sube, la parte del suelo queda sujeta por el peso del agua y la parte de las paredes forma una barrera de protección. Cuando las previsiones meteorológicas anuncian fuertes lluvias, los propietarios reciben una alerta para desplegar su barrera.

Para las casas propensas a inundarse, este sistema utiliza los datos de los informes de inundaciones para salvaguardar la propiedad y todo su contenido de los enormes daños por inundación. Para la compañía de seguros, esto reduce enormemente el coste del pago de siniestros.

Aplicando una mentalidad de datos:

¿Con qué partidas de gastos de las operaciones de tu empresa te estás comparando? Elige una de las partidas de gastos o centros de costes. ¿Qué medidas pueden adoptarse para reducir el coste medio? ¿Qué información sería útil para emprender esa acción u obtener el resultado deseado? ¿Dónde puedes obtener esa información de forma fiable?

Referencias de consulta

¿Qué es un mapa de inundaciones? https://www.floodsmart.gov/all-about-flood-maps

JUGADA 16: EL COCHE, EL CONDUCTOR Y LA CARRETERA

LOS DISPOSITIVOS CONECTADOS PROLIFERAN,
Y CON ELLOS LOS FLUJOS DE DATOS QUE
GENERAN. EL ANÁLISIS DE ESOS DATOS PUEDE
DAR LUGAR A NUEVOS PRODUCTOS Y
SERVICIOS DIRIGIDOS A NUEVOS MERCADOS.

Los coches son cada vez más inteligentes. Los sensores en el vehículo pueden determinar con precisión la velocidad y el rumbo del coche en cualquier momento, incluso en los momentos previos a un accidente.

Esto tiene un gran valor comercial para los fabricantes de automóviles y las aseguradoras. Los datos agregados pueden mostrar patrones de conducción de cualquier marca y modelo de vehículo o por grupos de conductores. Así, por ejemplo, los conductores de entre 17 y 25 años corren más riesgo de accidente entre las 10 de la noche y las 6 de la mañana. Esta idea dio lugar a un producto de seguros diseñado para conductores jóvenes que ofrecía primas baratas por los kilómetros recorridos durante el día.

Cuando los analistas dejaron de centrarse en el coche y el conductor y se centraron en la carretera, empezaron a desarrollar otras perspectivas a partir de los datos telemáticos.

Cuando se fijaron en una determinada carretera, a lo largo del tiempo, vieron vehículos que recorrían regularmente la misma ruta. Los analistas estudiaron esta muestra de coches para determinar la velocidad media en esa carretera. Con estos datos, la aseguradora pudo construir un mapa del país con la velocidad media de las carreteras a cualquier hora del día.

Las aseguradoras pudieron crear un producto basado en datos comerciales que mostraba el uso de las carreteras por horas y cómo cambiaba durante los proyectos de construcción de carreteras. Así se creó un servicio para que expertos en urbanismo y obra civil pudieran prever los efectos de los proyectos de construcción de carreteras.

Este análisis de datos dio lugar a una nueva propuesta de seguros y a un nuevo producto basado en datos diseñado para un nuevo sector de clientes.

Aplicando una mentalidad de datos:

¿En qué sujetos se centra la recogida de datos? Ahora céntrate en las otras partes que también intervienen en el proceso. ¿Qué aspecto tienen los datos cuando se convierten en el sujeto? ¿A quién más pueden interesar estos datos? Aquí es donde se encuentran los productos basados en datos (o *data products* en inglés).

Referencias de consulta

IEEE Spectrum – El alcance radical de los datos de Tesla
https://spectrum.ieee.org/tesla-autopilot-data-scope#toggle-gdpr

National Association of Insurance Commissioners (NAIC)
https://content.naic.org/cipr-topics/telematicsusage-based-insurance

The Markup - ¿Quién recopila datos de su coche?
https://themarkup.org/the-breakdown/2022/07/27/who-is-collecting-data-from-your-car

JUGADA 17: LA TINTA DE IMPRESORA ES MÁS CARA QUE EL PERFUME

LA MAYORÍA DE LOS PROBLEMAS NO SON TAN
SENCILLOS COMO PARECEN A PRIMERA VISTA.
SIN EMBARGO, A VECES PUEDEN RESOLVERSE
CON UN CAMBIO SENCILLO Y SUTIL. PERO
SOLO SI HAS DISECCIONADO EL PROBLEMA LO
SUFICIENTE.

Cuando un alumno de catorce años empezó la secundaria, recibió muchas más hojas fotocopiadas que el año anterior. La norma de su colegio de ahorrar o reciclar papel le generó confusión.

Por casualidad leyó que la tinta de impresora era más cara que el perfume de diseño, gramo a gramo, posiblemente el doble. Inspirado por esta idea, su proyecto científico se centró en encontrar formas de reducir el uso de tinta en lugar de ahorrar papel.

El estudiante recogió muestras aleatorias de ejercicios de profesores y encontró los caracteres más utilizados (e, t, a, o y r). A continuación, utilizó una herramienta para medir cuánta tinta se necesitaba para cada letra según el tipo de letra.

Calculó que cambiando el tipo de letra Times Roman por Garamond, de trazo más fino, su distrito escolar podría reducir el consumo de tinta en un 24%, con un ahorro anual de hasta 21.000 dólares.

El proyecto ganó el premio de ciencias de la escuela, y una invitación para elevar el ahorro de costes al gobierno federal. Con un gasto anual en impresión de 1.800 millones de dólares, a nivel gubernamental se planteaba un reto mucho mayor que el de una sola escuela. Utilizando el coste anual de tinta estimado por la Administración de Servicios Generales, 467 dólares, un cambio a Garamond exclusivamente ahorraría 136 millones de dólares al año.

A pesar del descubrimiento de este informe, nos encontramos con que los textos del Gobierno se siguen imprimiendo en tipografías gruesas tipo Serif porque son más legibles para los lectores con poca visión. No obstante, la valiosa lección para la infantería de datos es la idea de resolver un problema mirando literalmente su letra pequeña.

Otro ejemplo que ilustra cómo los problemas no son tan sencillos como parecen a primera vista, es la tendencia a trabajar desde casa. Esto ha dejado grandes extensiones de espacio en las oficinas sin utilizar durante la semana, máxime cuando los trabajadores acuden a la oficina menos del cincuenta por ciento de las veces. Incluso con los equipos trabajando en la oficina 5 días a la semana, 8 horas al día, la ocupación del edificio apenas alcanza un ratio de ocupación del 25%, teniendo en cuenta las 168 horas semanales.

Resolver esto no es un problema de espacio, sino una oportunidad de colaboración.

Aplicando una mentalidad de datos:

¿Te han encargado resolver un problema empresarial complejo? Primero piensa en la solución más sencilla: cuál es la matemática que hay detrás de esa solución. Ahora descompón toda la situación en sus variables y examínalas una a una, preguntándote el porqué del valor de cada una. ¿Qué variables puedes cambiar y cuáles podrían ser los efectos, tanto materiales como psicológicos?

Referencias de consulta

Adolescentes al gobierno: Cambia tu tipo de letra, ahorra millones
https://edition.cnn.com/2014/03/27/living/student-money-saving-typeface-garamond-schools/index.html

APFill Ink y Calculadora de cobertura de tóner
https://download.cnet.com/APFill-Ink-and-Toner-Coverage-Calculator/3000-6675_4-10347540.html

¿Ahorrar 400 millones de dólares en costes de impresión gracias al cambio de fuentes? No tan rápido…
http://www.thomasphinney.com/2014/03/saving-400m-font/

Métricas del trabajo distribuido por Knoll Workspace Research
https://www.knoll.com/knollnewsdetail/the-metrics-of-distributed-work

JUGADA 18: UN VIAJERO SIN PASAPORTE

PODER CONFIRMAR LA IDENTIDAD EN UN
MUNDO CADA VEZ MÁS DIGITAL ES VITAL PARA
LAS ORGANIZACIONES GUBERNAMENTALES Y
COMERCIALES. LOS DOCUMENTOS EN PAPEL
QUE PORTÁBAMOS SE ESTÁN SUSTITUYENDO
RÁPIDAMENTE POR ANÁLISIS DE DATOS
PERSONALES.

Hace poco, una amiga mía de economía más que saneada, necesitaba volver a casa urgentemente de su viaje de negocios. Para complicar las cosas, le robaron el pasaporte y el consulado de su país no pudo proporcionarle a tiempo los permisos de viaje correspondientes. Su estatus de pasajera frecuente de perfil premium implicaba que la aerolínea tenía muchos datos sobre ella. Con estos datos, autenticados por la aerolínea, pudo pasar el control de inmigración de vuelta a casa.

El pasaporte en papel ha evolucionado desde una carta de recomendación entre naciones hasta el complejo registro electrónico del que disponemos hoy en día. Cuando se combina con un escáner biométrico, puede utilizarse para rastrear los movimientos de entrada y salida de un país.

Como vemos en esta historia, incluso sin pasaporte, un rastro de datos personales verificados sigue siendo un sólido autentificador de la identidad. ¿Qué datos no personales, como huellas dactilares, escáneres de retina y ADN, pueden utilizarse para validar la identidad?

El historial de llamadas telefónicas y las grabaciones de voz, los recibos de tarjetas de crédito a lo largo de un periodo, pueden mostrar las repeticiones de compra por establecimiento y las características de las compras. Interacción en redes sociales, localización GPS del teléfono. Todos estos datos pueden utilizarse para confirmar la identidad. ¿Podrías identificar a un amigo íntimo o a un familiar por sus pautas de viaje y sus gastos en restaurantes y tiendas?

Las identidades históricamente probadas por un documento se pueden validar ahora mediante una aplicación de teléfono o una validación biométrica, y con la misma rapidez que se desarrollan las tecnologías, también lo hacen las formas de fraude o suplantación. Los gobiernos están investigando nuevas formas de identificarnos de forma única en la era digital. Las organizaciones pueden utilizar estas ideas para mejorar sus propios procesos de seguridad o autenticación.

Aplicando una mentalidad de datos:

Tu empresa puede tratar con miembros individuales de un colectivo: personas, vehículos, productos o ganado. ¿Existe un rastro de datos que pueda utilizarse para obtener una huella dactilar de comportamiento única que permita identificar de forma inequívoca a un miembro? ¿De qué otra forma puede utilizarse este rastro de datos de forma legal y ética?

Referencias de consulta

Los fundamentos de la transformación tecnológica: La identidad en la era digital https://institute.global/policy/fundamentals-tech-transformation-identity-digital-age

JUGADA 19: SI LA VIDA TE DA LIMONES, ¿DEBES HACER LIMONADA?

CUANDO SE NOS PLANTEA UN RETO Y SE NOS PRESENTAN LIMITACIONES, A VECES ESTOS OBSTÁCULOS LLENAN NUESTRO CAMPO DE VISIÓN Y NOS IMPIDEN VER OTRAS POSIBILIDADES. ¿QUÉ OCURRE CUANDO NOS ALEJAMOS?

A una clase de iniciativa empresarial de una de las mejores escuelas de negocios de la Ivy League se le planteó el reto de maximizar el rendimiento de una inversión de 5 dólares en exactamente 2 horas y 3 minutos.

Divididos en equipos, a cada uno de los cuáles se le dieron 5 dólares, el objetivo era ganar tanto dinero como fuera posible en 2 horas y después, hacer una presentación de 3 minutos.

La mayoría de los grupos tomaron un camino muy lógico, corrieron a comprar materiales para un lavadero de coches improvisado o un puesto de limonada, montaron la tienda y empezaron a comerciar. Los grupos más arriesgados compraron un billete de lotería o apostaron el dinero en una apuesta. En sus presentaciones de 3 minutos, estos grupos mostraron un pequeño rendimiento positivo por su duro trabajo.

Un grupo decidió que los 5 dólares eran una distracción. En su lugar, pensaron en cómo ganar tanto dinero en dos horas, empezando desde cero. Se les ocurrió un ingenioso plan para hacer reservas en restaurantes populares de la zona y luego vender las horas de reserva a quienes quisieran saltarse la espera. Este grupo consiguió devolver 200 dólares por su inteligente uso del tiempo concedido.

Sin embargo, el equipo ganador se dio cuenta de que tanto los 5 dólares como el plazo de 2 horas eran limitaciones más que ventajas. Dieron un paso atrás para ver qué ventajas tenían a su favor. El recurso más valioso era el tiempo de presentación de 3 minutos de que disponían ante la clase cautiva de la escuela de negocios. Este grupo vendió su espacio de 3 minutos a una empresa interesada en contratar a los estudiantes por 650 dólares. Pudieron presentar un ROI del 12.900%.

El hecho de que tengas un activo a tu disposición no significa que debas utilizar ese activo y no contemplar ningún otro. Amplía la visión para que otros activos y posibilidades entren en escena y céntrate en ellos.

Aplicando una mentalidad de datos:

¿Te han planteado una tarea y te han dado unos recursos y unas limitaciones? Observa cada recurso y determina si por sí solo es útil; ¿puede combinarse o incluso descartarse? Fíjate en tus limitaciones, ¿pueden romperse legítimamente?

¿Hay otros recursos a tu disposición que no se te hayan asignado específicamente y limitaciones u oportunidades que no se hayan mencionado y que estén a tu alcance? ¿Cómo puedes utilizarlos para superar el resultado previsto?

Referencias de consulta

El reto de los 5 dólares Cómo unos estudiantes de Stanford convirtieron 5 dólares en 650 en sólo 2 horas por Tina Seelig, Doctora, Escuela de Ingeniería de Stanford.
https://www.psychologytoday.com/us/blog/creativityrulz/200908/the-5-challenge

JUGADA 20: ¿QUÉ HARÍAS CON UN MILLÓN DE CURRÍCULOS?

LAS COLECCIONES DE OBJETOS CONTIENEN
DATOS VALIOSOS, ATRIBUTOS QUE PUEDEN
ANALIZARSE Y COMPARARSE. LAS
AGRUPACIONES DE COSAS, LOS
SUBCONJUNTOS FILTRADOS, TAMBIÉN
OFRECEN OPORTUNIDADES DE ANÁLISIS
ADICIONALES, A VECES CON PERSPECTIVAS
SORPRENDENTES.

¿Estás en una red social profesional en la que compartes los datos de tu currículum y te relacionas con otros profesionales? En estos sitios, los profesionales compartimos libremente muchos datos interesantes sobre nosotros.

Como miembros de la red, vemos CVs y conexiones. Los reclutadores pueden filtrar esos currículos en función de la ubicación, la empresa, el puesto de trabajo, la escuela u otros atributos de cada miembro disponibles en el campo de búsqueda.

Como analistas de datos que miramos los datos en conjunto, vemos algo mucho más interesante. Podemos crear directorios de todos los empleadores y todas las escuelas, todos los puestos de trabajo y todas las cualificaciones.

A partir de los títulos descriptivos de cada puesto de trabajo, podemos distinguir entre junior y senior. Luego podemos determinar las mejores universidades y titulaciones para los distintos empleos. Podemos comparar la rapidez con que la gente asciende en la escala profesional. De este modo, podemos contar con cuántos otros "*fast movers*" (profesionales con una destacada progresión profesional en un corto periodo temporal) están conectados, qué cualificaciones obtienen normalmente los "*fast movers*" y cómo los valoran otros profesionales.

El cambio de signo de los datos se produce cuando nos fijamos en las empresas. Representada en un modelo de datos, cada organización es una colección de currículums en los que el empleador actual es esa organización. A medida que las personas cambian de empresa y actualizan sus CVs, vemos que una organización crece y otra decrece. Podemos evaluar la calidad del equipo que contratan o pierden observando la velocidad de la carrera profesional de los empleados y las reseñas y recomendaciones. Esto podría indicarnos cuáles son las mejores empresas para trabajar, o incluso las empresas con más probabilidades de obtener buenos resultados en el futuro.

Aplicando una mentalidad de datos:

Al examinar los datos de tu empresa, asegúrate de construir el modelo de datos de las distintas entidades. A continuación, considera si también podría estar produciéndose un flujo entre entidades. El cambio de estado de una entidad podría proporcionar una pista valiosa sobre ese flujo. Si agregas esas transacciones, ¿qué patrones podrían surgir que pudieran ser útiles?

JUGADA 21: ENCONTRAR LA CONFIANZA EN UN MUNDO DIGITAL

¿CUÁLES SON LOS ELEMENTOS QUE NOS LLEVAN A CONFIAR EN ALGUIEN EN EL MUNDO REAL? ¿CÓMO PUEDEN TRADUCIRSE ESTOS FACTORES CUANDO NUESTRO ÚNICO CONTACTO ES DIGITAL?

En la mayoría de los casos, los consumidores online nunca conocerán a nadie de la empresa a la que compran. Debido al elevado coste del contacto por voz cuando se escala, las empresas online derivan a los clientes al correo electrónico o al chat. Para un cliente, es poco habitual conocer el nombre de alguien de la empresa.

Las empresas que trabajan digitalmente nunca se reúnen con sus clientes o proveedores. Algunos empleados apenas conocen a sus jefes o compañeros de trabajo. En los negocios digitales, donde las interacciones sociales están en gran medida ausentes, ¿cómo generamos confianza?

Cuando conocemos a una persona observando sus reacciones y experimentando su trabajo, aumenta nuestra confianza. Las presentaciones personales, los grupos de antiguos alumnos y las asociaciones profesionales nos dan la seguridad de que estamos tratando con alguien "similar" a nosotros, alguien en quien podemos confiar. Esas conexiones también nos informan de la reputación publicada y nos proporcionan recursos valiosos para el futuro. Del mismo modo que aumentan la confianza, los grupos exclusivos reducen el universo de empleados, socios o clientes potenciales, lo que atenta contra una diversidad saludable.

Los clubes privados de socios desempeñaban un papel en la sociedad, proporcionando un lugar físico para personas de ideas afines, lo que trajo consigo la creación de redes de negocios. Estos clubes tienen equivalentes digitales. En Internet hay comunidades de operadores de bolsa, de especialistas en todos los campos, y foros donde interactúan y crean redes.

El conocimiento que buscamos para tranquilizarnos sobre una persona se reduce a información sobre ella, sus metadatos. Una imagen es un dato *per sé* y la resolución, los píxeles y la ubicación donde fue tomada esa foto son datos que explican ese dato (metadatos). En el caso de las conexiones comerciales online, las redes sociales profesionales han facilitado la investigación sobre una persona, incluidas las recomendaciones de colegas. Las presentaciones personales, incluidas las que se hacen a través de aplicaciones de citas, pueden investigarse utilizando las redes sociales. Todo son datos sobre cada persona, publicados, compartidos, corroborados y verificados por la comunidad. Sólo tenemos que entender cómo se crean estas comunidades, cómo se reclutan los miembros y cómo se mantienen para que la red prospere.

Si quieres generar confianza en un mundo digital, compartir metadatos personales, o datos que describen otros datos sobre tu persona a otros sistemas, puede ser la forma más rápida de hacerlo.

Aplicando una mentalidad de datos:

¿A qué negocios se dedica tu organización y quién necesita confiar en quién? ¿Existen datos que aporten ese factor de confianza: historial de transacciones, relaciones con otras partes o asociaciones compartidas? ¿Cómo puede diseñarse tu servicio para aprovechar esa confianza? ¿Cómo puedes crear la experiencia de usuario para que los usuarios compartan más datos que a su vez generen más confianza?

JUGADA 22: ¿QUIÉN COMPRARÁ TUS MILLAS MUERTAS?

PARA OFRECER UN ALTO NIVEL DE SERVICIO,
LA MAYORÍA DE LOS SISTEMAS FUNCIONAN POR
DEBAJO DE SU CAPACIDAD, DESPERDICIANDO
RECURSOS PERECEDEROS. LA ECONOMÍA
COLABORATIVA ES UN GIGANTESCO
PRODUCTO DE DATOS PARA INTERMEDIAR
RECURSOS RESERVADOS Y PAGADOS.

Las aplicaciones *peer-to-peer* son famosas por aumentar la utilización de activos ociosos: Habitaciones libres en una casa; ropa en el armario; equipos en un taller; momentos en los que tú o tu coche están ociosos; o simplemente un asiento en un vehículo que conduce a alguna parte. Las aplicaciones de la economía colaborativa ofrecen mini mercados para que los tienen una necesidad puedan encontrar excedentes disponibles en tiempo real. Las mejores aplicaciones de uso compartido facilitan que ambas partes compartan datos de forma segura.

Los kilómetros muertos se definen como cualquier tiempo que un transportista de mercancías se mueve sin carga generadora de ingresos a bordo. Los vehículos de carga, una vez realizada su entrega, suelen regresar vacíos. Algunos proveedores recurrían al "*backhaul*", lo que implica utilizar el vehículo de vuelta para transportar las devoluciones y así evitar un trayecto de regreso en vacío. Sin embargo, los altos precios del combustible catalizaron el movimiento de las empresas de logística para rastrear y utilizar la capacidad vacía. Los mercados de transporte de mercancías evolucionaron para permitir a las empresas de logística listar rutas de camiones vacíos que pudieran ser emparejadas con demandantes de transporte que buscaran mover sus mercancías en trayectos similares.

Este tipo de ideas surgen al adoptar una perspectiva global que pone de relieve el exceso de capacidad y la demanda insatisfecha de un recurso perecedero. Los cargueros marítimos tienen un problema similar debido a los desequilibrios comerciales, y este problema sigue en busca de una solución.

Aplicando una mentalidad de datos:

¿Qué recursos no se utilizan plenamente en tu organización? ¿Cuál es el coste aceptable de que esos recursos no estén operativos? ¿Qué restricción de costes real o artificial puedes encontrar que te empujen a aumentar la utilización?

¿Quién más podría encontrar valor en los recursos y cuál es su valor? ¿Cómo se pueden publicar los periodos de inactividad y poner esos recursos a disposición de otros?

A la inversa, ¿hay recursos que tu organización necesita pero de los que no puede producir lo suficiente? ¿Quién puede tener un excedente que tú puedas utilizar? ¿Existe un mercado que conecte excedentes con demandantes de esos recursos?

Referencias de consulta

Mantener los camiones llenos, yendo y viniendo

https://www.nytimes.com/2010/04/22/business/energy-environment/22SHIP.html

Por esto casi la mitad de los cargueros navegan vacíos

https://www.marketwatch.com/story/this-is-why-almost-half-of-cargo-ships-are-sailing-around-empty-11623790696

JUGADA 23: ¿QUÉ SABEMOS DEL PRECIO DE LAS CABRAS?

LOS RESPONSABLES DE LA TOMA DE DECISIONES EMPRESARIALES LUCHARÁN POR CONSEGUIR LOS DATOS QUE NECESITAN PARA TOMAR UNA DECISIÓN. UNA VEZ QUE LOS TIENEN, ¿CUÁL ES EL BENEFICIO DE PEDIR MÁS Y MÁS DATOS?

Cada pocos meses, una granjera vende algunas cabras en el mercado. Lleva un registro meticuloso de sus ventas. A lo largo del año, repasa cuántas cabras vendió cada mes y cuánto dinero recibió. Estos son los datos que conoce perfectamente y ha recopilado a lo largo del tiempo.

En el mercado, se pesa cada cabra y se registra su estado de salud antes de ponerla a la venta. Esos datos son creados y recopilados por las autoridades del mercado, pero la ganadera nunca se molestó en solicitarlos. En conjunto, estos datos existen, pero la ganadera nunca tuvo constancia de que se estaban recolectando. Sin embargo, si la granjera tuviera acceso a esta información, entendería qué es lo que determina el precio semanal de las cabras.

En el mercado hay muchos otros granjeros y compradores que comercian con cabras y otros animales. Los registros del precio real pagado por cualquier animal en cualquier día son conocidos por el mercado. La granjera conoce estos datos, pero no los tiene. Cuando la granjera compró estos datos a otros granjeros, se enteró de que otros granjeros ganaban más dinero acarreando gallinas junto a las cabras.

Un día, todas las cabras de la granjera fueron compradas por un único comprador. El granjero siguió al comprador y a las cabras que había comprado. El comprador llevó las cabras a una vaquería. Al lado de la lechería, una tienda vendía leche y queso de cabra. El queso y la leche se enviaban a las tiendas de las grandes ciudades, donde alcanzaban un precio muy elevado. La granjera se sorprendió, ya que eran datos que no sabía que existían y por supuesto, a los que nunca tuvo acceso. No obstante, con estos conocimientos pudo empezar a producir su propio queso.

Es muy fácil detenerse en los datos que ya se recogen y analizan, pero el gran valor viene cuando se siguen buscando nuevas fuentes de datos.

Aplicando una mentalidad de datos:

Mira más allá de los datos que conoces y de los que tienes. Ahora indaga en los procesos de tu empresa, qué datos se crean y no se recolectan. Observa fuera de tu propia organización e imagina qué otros datos se recopilan. ¿Se pueden utilizar esos datos para crear valor? ¿Cómo adquirirías esos datos si tuvieras que hacerlo?

La última parte es la más difícil: si miras fuera de tu organización, ¿qué datos desconoces y no tienes? ¿Cómo podrías utilizar estos datos de forma única?

Referencias de consulta

¿Cuál es el mejor momento para vender cabras de
carne?https://familyfarmlivestock.com/when-is-the-best-time-to-
sell-meat-goats/

JUGADA 24: ¿DÓNDE PUEDES VENDER TUS FOTOS DE LAS ÚLTIMAS VACACIONES?

SÓLO LOS FOTÓGRAFOS PROFESIONALES Y LOS AFICIONADOS SERIOS COBRAN POR SUS FOTOS DE VACACIONES. APLICANDO UNA MENTALIDAD DE DATOS, TUS FOTOS DE VACACIONES PUEDEN CONVERTIRSE EN INGRESOS.

Una ingeniosa startup tecnológica convirtió las fotos de vacaciones en redes sociales en una aplicación móvil que anunciaba hoteles de lujo. Diseñada para que viajeros de todo el mundo buscaran destinos de vacaciones exóticos en una popular red social, a los usuarios se les mostrarían fotos auténticas de la zona tomadas por visitantes reales, entremezcladas con fotos de hoteles de la zona.

Partiendo de cero, el equipo no tenía presupuesto para fotografía profesional de destinos. Necesitaban el contenido y el tráfico para atraer a los anunciantes. Esta es una historia de emprendimiento de datos y genio técnico para encontrar las mejores fotos, respetando los límites de los datos personales.

Las redes sociales más populares cuentan con sofisticados permisos. La persona que publica fotos puede especificar quién las ve: nadie, amigos concretos o todo el mundo. La aplicación utilizó los permisos preestablecidos por cada usuario para mostrar sus fotos a otros usuarios con permiso.

Cuando los viajeros intrépidos utilizaban la aplicación, ésta accedía a sus álbumes de fotos para compartirlas con otros viajeros que utilizaban la app. De este modo, la aplicación pudo hacerse con un enorme catálogo de imágenes reales de viajeros y con permiso de los usuarios de forma gratuita.

El atractivo de la aplicación para viajeros y anunciantes eran sus bellas imágenes. Se utilizó visión por ordenador para procesar millones de imágenes publicadas, algoritmos que reconocían la fotografía de alta calidad y filtraban las fotos de personas. Utilizaban los metadatos de ubicación geográfica del archivo fotográfico y las descripciones etiquetadas para encontrar puntos de interés para los visitantes.

Si no tienes los datos que necesitas, hay formas rentables de capturarlos o sintetizarlos a escala. Emprendimiento de datos en estado puro.

Aplicando una mentalidad de datos:

Piensa en un nuevo modelo de negocio en el que tu organización pueda generar valor para los clientes existentes o nuevos. ¿Existen datos críticos de los que no disponga para hacer posible el modelo de negocio? Piensa en formas de obtener esos datos por poco o ningún coste.

¿Qué haría falta para que ese suministro de datos se amplíe y sea sostenible a largo plazo?

Referencias de consulta

¿Qué mide Jetpac?

https://petewarden.com/2013/12/04/what-does-jetpac-measure/

JUGADA 25: ¿CUÁL ES TU MAYOR VISIÓN DE LOS DATOS?

UNA SOLA PERSONA YENDO Y VINIENDO DEL TRABAJO EN BICICLETA DEJA UN VALIOSO RASTRO DE DATOS. CON LA VISIÓN ADECUADA, ESTO PUEDE CONDUCIR A ALMACENES DE DATOS PERSONALES Y BANCA ABIERTA (*OPEN BANKING* EN INGLÉS).

A modo de experimento, un estudiante de una escuela de arte londinense acechó durante semanas a una persona que se desplazaba al trabajo en bicicleta, registrando la ruta que seguía entre el trabajo y su casa. A continuación, dejó notas en la bicicleta aconsejando rutas más rápidas y seguras.

El alumno continuó con esta práctica de persecución y esta vez lo hizo con su propia identidad digital. Se dirigió a todas las empresas con las que tenía relaciones comerciales y les pidió formalmente que le facilitaran sus datos personales. Según la ley de protección de datos del Reino Unido, las empresas están obligadas a facilitar sus datos a cambio de 10 libras esterlinas en concepto de gastos administrativos. Tras un largo e incómodo proceso, obtuvo una pila de páginas impresas con sus propios datos personales. Los datos se vendieron con éxito en Internet por 150 libras.

Estos experimentos se realizaron mucho antes de la llegada de la publicidad programática. Este estudiante se adelantó a un mercado de datos valorado en cientos de miles de millones de dólares. Este experimento inconscientemente formaba parte de una visión mucho mayor y mucho más lucrativa que es el mercado de datos personales que hoy en día conocemos. Se trataba de crear una bolsa de futuros para los datos personales, una bolsa en la que las organizaciones de consumidores puedan comprar flujos de datos para construir relaciones sostenibles y de alto valor con sus clientes.

Si tu banco te remunerara por el acceso exclusivo a tus datos financieros durante un año, empezaría con los datos transaccionales que ya dispone de ti. A continuación le podrías dar permiso para añadir datos financieros de otros proveedores, tarjetas de crédito y otros servicios financieros. Esto ya es posible con la llegada del open *banking*. El banco puede predecir con exactitud tu necesidad de productos financieros. ¿Cuánto debería pagarte el banco por estos datos? ¿Qué valor tendría para el banco este acceso exclusivo a tu información personal?

Aplicando una mentalidad de datos:

Cuando te embarques en un proyecto de análisis de datos, extrapólalo a un futuro lejano. ¿Existe un mercado mayor para esos datos o para el conocimiento inmediato que se deriva de ellos? ¿Cuánto podrían valer los datos para el postor adecuado?

¿Cómo puedes convertir una venta puntual en un flujo sostenible de ingresos? ¿Puedes crear un modelo en el que el propietario original de los datos esté protegido y obtenga un beneficio equitativo?

Referencias de consulta

Lo que ocurre cuando vendes tus datos personales en eBay: Un relato de primera mano de un entusiasta de los datos

https://medium.com/startup-garage-at-station-f/what-happens-when-you-sell-your-personal-data-on-ebay-a-first-hand-account-from-a-data-enthusiast-b8a07fd44155

JUGADA 26: ¿CUÁN INTELIGENTE ES TU HOGAR?

NO FALTA MUCHO PARA QUE NUESTROS HOGARES SE ASEMEJEN A LA CIENCIA FICCIÓN DE LAS ÚLTIMAS DÉCADAS. PERO, ¿QUÉ DATOS RECOPILARÁN ESAS CASAS INTELIGENTES SOBRE NUESTRAS VIDAS? ¿SERÁN LOS BENEFICIOS MAYORES QUE LOS RIESGOS?

Es evidente que los dispositivos inteligentes del hogar, como cámaras, timbres y altavoces, recopilan datos. Otros dispositivos que poseemos, como termostatos inteligentes, aspiradoras robóticas y frigoríficos conectados, hacen exactamente lo mismo. Si les preguntáramos qué están aprendiendo, ¿nos lo dirían?

Un termostato inteligente nos dirá la temperatura preferida en cada hogar y quizá qué tiempo hace fuera. Los altavoces inteligentes pueden decir en qué idioma se habla en casa y cuándo hay un extraño o un invitado. Una aspiradora robótica crea un mapa dinámico de la casa. El frigorífico, a partir de la frecuencia de apertura de la puerta, puede saber cuándo hay gente fuera de casa o cuándo es la hora de descanso de los miembros del hogar.

¿Qué ocurre cuando se unen todos estos datos? Afortunadamente, se están introduciendo nuevas normas de privacidad para evitar que se registren nuestros movimientos más íntimos.

Sin embargo, si los datos se unen con el permiso del propietario, ¿cómo podemos ayudarle? ¿Se puede detectar, identificar y denunciar a un intruso? ¿Podemos ahorrar dinero al propietario en calefacción o refrigeración? ¿Podemos ofrecer consejos sobre diseño de interiores?

Tal vez exista la posibilidad de crear un centro que agrupe todos los datos de la casa. Las casas inteligentes del futuro vendrán con su propia nube de datos.

Aplicando una mentalidad de datos:

Mientras piensas en tu empresa, ¿hay procesos o dispositivos que se limitan a recopilar datos mientras siguen el flujo de tareas? He aquí un par de ejemplos:

Analizar el tráfico interno de correo electrónico construyendo un mapa de la red mostrará quiénes son los centros de información, quiénes son influyentes y quiénes contribuyen más.

Analizar los campos de texto libre escritos por tus clientes, seguir el hilo principal y analizar el sentimiento en relación con el lanzamiento de productos o acontecimientos importantes en tu compañía, puede ayudarte a predecir la respuesta de tus clientes de cara al próximo lanzamiento.

Referencias de consulta

Breve descripción de las ventajas e inconvenientes de un hogar inteligente
https://www.videostrong.com/news-show-35

Capitalismo de vigilancia: la invasión de nuestros espacios privados por
parte de las grandes empresas a través de la tecnología doméstica
inteligente – parte 2
https://www.cudos.org/blog/%F0%9F%93%B7-surveillance-
capitalism-big-techs-invasion-of-our-private-spaces-through-smart-
home-technology-part-two-%F0%9F%8F%A0/

JUGADA 27: ORDENANDO EL TRÁFICO EN AUTOPISTAS

PARA QUE NUESTRO LIMITADO CEREBRO
HUMANO PUEDA DIFERENCIAR LA ENORME
CANTIDAD DE COSAS QUE PERCIBIMOS, LAS
AGRUPAMOS Y CLASIFICAMOS DE FORMA
NATURAL. PARA ALGUIEN CON UNA
MENTALIDAD DE DATOS, LA SIMPLE
CLASIFICACIÓN DE CUALQUIER CONJUNTO
CREA VALOR, INCLUSO LA CLASIFICACIÓN DE
COCHES EN UNA AUTOPISTA.

Hay un conocido vídeo, de una hora de duración, que muestra tráfico de vehículos en una autopista de San Diego. La grabación consiste en coches bajo un puente circulando en ambas direcciones. Lo curioso es que todos los coches están ordenados por color y tipo. Primero los sedanes blancos, luego los plateados, después los negros y así sucesivamente. Luego pasa de las berlinas a las furgonetas, después a los autobuses y por último a las motos.

El vídeo ha sido manipulado para clasificar los vehículos por color y tipo. Es un ejercicio creativo sencillo, pero fascinante, que atrae a la gente a la que le gusta tener los datos ordenados.

La tecnología para reconocer elementos en una secuencia de vídeo ya está disponible en el mercado. Pensemos en el enorme volumen de imágenes que recogen actualmente las cámaras de seguridad. Cuando las imágenes de las cámaras se agrupan y los datos de vídeo se analizan, se obtiene una información enorme, con un extraordinario valor potencial. Sin embargo, junto con ese valor, hay también un potencial gigante de posibles violaciones de los derechos de privacidad.

¿Qué aumento de valor se puede obtener de unos datos simplemente clasificados? Al añadir más datos de otras fuentes, ¿qué nuevo valor puede crearse?

Aplicando una mentalidad de datos:

Tras recibir un nuevo conjunto de datos, primero suma, luego ordena los datos eligiendo cualquier atributo posible. Agrupa el conjunto con los nuevos datos, alinéa los conjuntos de datos consolidados e intenta ordenarlos de nuevo. El simple acto de sumar y ordenar puede dar lugar a descubrimientos creativos y, en consecuencia, a nuevos conocimientos. ¿Con qué datos de tu organización puedes probar esta técnica?

Referencias de consulta

Vimeo: Midday Traffic Time Collapsed and Reorganized by Color: San Diego Study #3 http://vimeo.com/82038912

The Intercept: The Rise of Smart Camera Networks, And Why We Should Ban Them https://theintercept.com/2020/01/27/surveillance-cctv-smart-camera-networks/

Briefcam Video Synopsis Technology: https://www.briefcam.com/technology/video-synopsis/

JUGADA 28: ¿FUE REALMENTE LA SUERTE DEL PRINCIPIANTE?

MIENTRAS QUE LOS VIDEOJUEGOS ANTIGUOS
ERAN ALGO A LO QUE JUGABAS, LOS JUEGOS
MULTIJUGADOR ONLINE DE HOY EN DÍA
JUEGAN CONTIGO. ¿QUÉ PODEMOS APRENDER
DE LA FORMA EN QUE LAS EMPRESAS DE
VIDEOJUEGOS CONCIBEN LOS DATOS?

Fui a visitar una famosa empresa de juegos online en San Francisco. No se parecía en nada a una empresa de software tradicional, sino más bien al parqué de la bolsa. Esto resultó ser una clave fundamental de su éxito.

Tienen un popular juego de gángsters en el que los jugadores luchan y roban a otros jugadores. La primera vez que juegas, tu porcentaje de aciertos es increíblemente alto. La misma buena suerte te acompaña cuando juegas a su simulador de agricultura: cosechas abundantes y cabezas de ganado sanas. Pero esto sólo dura durante tus partidas iniciales. Mientras juegas, el juego juega contigo.

Los científicos de datos de la empresa observaron que cuanto mayor es el compromiso en las primeras sesiones de un juego, más probable es que el jugador continúe. Y cuanto más juegues, más compras dentro del juego y más publicidad se vende. Los juegos están diseñados para ofrecer éxitos tempranos, ¿cuántos gánsteres hay en tu mafia o vacas en tu rebaño?. No sólo vigilan esas métricas, sino que cada juego maneja su propia moneda, razón por la cual la empresa parece un parqué.

Esta táctica de incentivar a los clientes a implicarse también es utilizada por las redes sociales. Al darte de alta, se te anima a conectar con colegas, amigos o antiguos alumnos que se encuentren en tu lista de contactos o en la de tus contactos. Cada conexión adicional crea nuevas oportunidades para la red. Se genera negocio para la red social y aumenta tu probabilidad de permanencia.

Aplicando una mentalidad de datos:

En el reto de negocio en el que estás trabajando, ¿cuáles son las métricas que definen el éxito de una actividad? ¿Existen indicadores clave que puedan utilizarse para predecir esas métricas? ¿Cómo se pueden impulsar deliberadamente esos indicadores clave, incluso con una intervención artificial como sería el caso de hacer que un juego fuera más fácil durante las primeras partidas?

JUGADA 29: LAS ALEGRÍAS DE LAS MARCAS DE TIEMPO

CUANDO EXISTE UN PROCESO DE VARIAS ETAPAS, HABRÁ VARIABILIDAD DEL TIEMPO EMPLEADO O DEL FLUJO A TRAVÉS DE LAS ETAPAS DEL PROCESO. ¿QUÉ PUEDE DECIRNOS ESTO SOBRE LA EFICIENCIA?

Una conductora de una empresa de viajes compartidos registró el tiempo transcurrido hasta la recogida, el pago adicional y la tarifa que recibió, para cada hora del día y cada día de la semana. Como "simple conductora", no tenía acceso a las APIs para obtener los datos, y la empresa de viajes compartidos siempre protegía el algoritmo de precios dinámicos. Sin embargo, con papel y lápiz fue capaz de averiguar las horas del día en las que obtenía el mayor rendimiento de su trabajo. Con un sencillo análisis, esta conductora acumuló enormes conocimientos de su negocio.

Al igual que el ejemplo de esta conductora, las aplicaciones de software actuales mantienen un registro de lo que sucede con fines de diagnóstico y solución de problemas. Cada vez que el sistema hace algo, se registra la actividad, la fecha y la hora en que ocurre, así como la identidad única de esa transacción. Estos registros sólo se examinaban cuando había un problema, pero la información que contienen es oro.

La agregación de los registros de transacciones de un año de cada sistema utilizado por un proceso de negocio crea una gran cantidad de datos de marcas de tiempo (*timestamps*). Si esos datos se ordenan ahora por el identificador único de cada caso, veremos con qué rapidez se completan los procesos y los pasos que se dan en cada uno de ellos. Podremos ver tendencias de procesos que se atascan en un paso, o incluso procesos que terminan en un resultado no deseado o inesperado. Esta es la ciencia de la minería de procesos de negocio (*process mining* en inglés), Observa los pasos detallados reales involucrados para encontrar patrones, cuellos de botella y redundancias.

Los procesos empresariales se atascan con regularidad o se sabe que son sencillamente ineficaces. Las conversaciones con los miembros del equipo que trabaja de cara al cliente muestran que ellos son plenamente conscientes de los problemas. Sin embargo, muchos de los altos directivos están al margen de los problemas reales del día a día ya que solo tienen acceso a los resúmenes de los informes periódicos. La visualización de los datos cronológicos por proceso pone al descubierto los retrasos, fallos y cuellos de botella reales.

¿Crees que los propietarios de los procesos y los responsables de la toma de decisiones necesitan esta visión detallada de su negocio?

Aplicando una mentalidad de datos:

Elige un proceso en tu empresa que todo el mundo sepa que da problemas. Habla con las partes interesadas, documenta cuáles son los problemas conocidos. Ahora analiza los registros del proceso para ver qué transacciones tardan más o se atascan.

¿Qué tienen en común los casos más problemáticos? ¿Cuántos procesos se apartan de la norma o del resultado estándar esperado? ¿Cómo remediar las ineficiencias?

JUGADA 30: LA SEÑAL VISUAL DE UN CUBO DE AGUA

LAS VISUALIZACIONES MÁS SENCILLAS PUEDEN
MEJORAR LA COMPRENSIÓN DE LOS DATOS.
LAS TECNOLOGÍAS ACTUALES PERMITEN A LOS
ANALISTAS CREAR RÁPIDAMENTE GRÁFICOS Y
DIAGRAMAS ELABORADOS. A VECES LAS IDEAS
MÁS ÚTILES PUEDEN SER
SORPRENDENTEMENTE SENCILLAS.

Como consejo para ahorrar agua, deja un cubo bajo el grifo de la ducha mientras esperas a que el agua salga caliente. El resultado es doble: tendrás un cubo de agua limpia y, además, sabrás cuánta agua habrías malgastado.

Con la función de corrección ortográfica de un procesador de textos desactivada, un documento con errores ortográficos, parece idéntico a un documento perfecto. Los procesadores de texto resaltan visualmente las faltas de ortografía y los errores gramaticales para llamar rápidamente la atención sobre ellos.

Conviene recordar dos importantes principios de diseño: en primer lugar, preguntarse qué debe conseguir el sistema y, a continuación, facilitar al usuario la acción. Por ejemplo, la colocación de los tiradores de una puerta puede indicar imperceptiblemente si hay que empujar o tirar. Cuando se diseñan soluciones usando datos se pueden aplicar los mismos principios.

Una aplicación móvil de navegación reúne todos los datos de localización y velocidad de los coches que la utilizan. Estos datos se convierten en un mapa de tráfico en tiempo real que se superpone a las pantallas de navegación de los conductores. Si el sistema detecta un retraso en la ruta prevista, la aplicación presenta algo muy sencillo: una nueva opción de ruta. El conductor no se ve expuesto a todos los datos de fondo ni a cálculos complejos. Simplemente ve la instrucción de hacer un cambio y el tiempo de viaje actualizado. Presentada en el momento de la decisión, utilizando datos pertinentes y oportunos, ofrece al usuario una decisión sencilla que tomar.

Aplicando una mentalidad de datos:

Cuando analices los datos y busques una perspectiva, da un paso atrás y piensa en la historia del usuario. ¿Qué idea y qué acción harían que el usuario tuviera éxito? ¿Qué información crítica necesita el usuario para tomar la decisión más sencilla? ¿Cómo puedes presentar esa información, y la posibilidad de actuar en consecuencia, justo en el momento adecuado?

Referencias de consulta

Intro to UX - The Norman Door https://uxdesign.cc/intro-to-ux-the-norman-door-61f8120b6086

Referencia 30.1: "Esto está roto" (This is broken) https://www.ted.com/talks/seth_godin_this_is_broken?

JUGADA 31: IDENTIDAD DIGITAL EN EL METAVERSO

¿QUÉ PASA CON TUS CUENTAS EN REDES SOCIALES CUANDO MUERES? ESTA ES UNA PREGUNTA INICIAL EN UNA CONVERSACIÓN SOBRE LA IDENTIDAD DIGITAL, MIENTRAS INTENTAMOS RESOLVER EL DILEMA ENTRE PERSONAS DIGITALES Y FÍSICAS EN UN MUNDO ONLINE-OFFLINE.

Tras la muerte de una persona, seguimos viendo sus páginas en redes sociales, a menos que se retiren deliberadamente. Las cuentas bancarias y los datos financieros también permanecen en diversos sistemas hasta que se archivan. La persona puede estar muerta, pero sus datos siguen vivos. Sin embargo, si nuestros datos se borran o se ven comprometidos por un robo de identidad, vivir en el mundo moderno se puede convertir en un problema.

La identidad digital de una persona es ahora fundamental; sin ella, no podemos viajar, conseguir un trabajo o comprar una propiedad. Proporcionar credenciales digitales verificables ha sustituido a llevar un documento de identidad físico o un pasaporte.

En el mundo físico, teníamos un cuerpo y una identidad. En el mundo digital, una persona puede tener múltiples identidades digitales, a menudo para un mismo servicio. Para un profesional de marketing, tratar de identificar a una sola persona a través de múltiples identidades requiere un gran esfuerzo. Mantener separadas las identidades comerciales y personales online refleja los diferentes comportamientos de una persona. En estos casos, ¿deberíamos considerar un segmento de mercado de una persona o incluso de una fracción de una persona?

El auge del concepto de metaversos puramente digitales permite a los avatares actuar con independencia de sus propietarios, incluso de forma anónima. Un avatar puede ser el personaje alternativo de una persona o incluso el personaje propiedad de múltiples identidades del mundo real. ¿Es un avatar el equivalente de una corporación, como una marca que une a múltiples entidades?

Al analizar los personajes digitales de las personas (*digital personas*) debemos considerar la nueva relación entre personas físicas y digitales.

Aplicando una mentalidad de datos:

¿Tiene tu empresa trato con particulares como parte de su producto, como clientes o como asociados? ¿Qué información busca sobre las personas? ¿De dónde proceden sus datos y cuáles son las reglas que determinan a una persona física frente a sus múltiples personas online?

¿Cómo se analizan los comportamientos o transacciones y cómo se quiere influir en sus acciones? ¿Cuál es la mejor manera de llevar a cabo el análisis: como un grupo con comportamientos independientes, como una sola persona, como una faceta de un individuo o como un grupo de personas que actúan a través de un único avatar?

Referencias de consulta

Parker, Pamela. "¿Qué es la resolución de identidades y cómo se están adaptando las plataformas a los cambios en la privacidad?", *Martech* June 1, 2022 https://martech.org/what-is-identity-resolution-and-how-are-platforms-adapting-to-privacy-changes/

Wolfson, Rachel. "Reinventarse en el Metaverso a través de la identidad digital", *Cointelegraph,* August 11, 2022 https://cointelegraph.com/news/reinventing-yourself-in-the-metaverse-through-digital-identity

JUGADA 32: UNA PROPUESTA DE INVERSIÓN PARA CORREO ELECTRÓNICO

POR MUY MOLESTAS QUE NOS PAREZCAN NUESTRAS BANDEJAS DE ENTRADA, PARECE QUE NO PODEMOS DESHACERNOS DEL HÁBITO DEL CORREO ELECTRÓNICO, INDEPENDIENTEMENTE DE LAS NUEVAS APLICACIONES QUE PROBEMOS. ¿QUÉ TIENE EL CORREO ELECTRÓNICO QUE LO CONVIERTE EN UNA PARTE INDISPENSABLE DE NUESTRO TEJIDO DE COMUNICACIONES?

La pregunta "¿Hay algo que pueda sustituir al correo electrónico?", publicada en un foro en Internet, provocó una avalancha de respuestas. Se habló de mensajería instantánea, flujo de trabajo colaborativo con hilos de mensajes, aplicaciones de firma de documentos y muchas ideas más. Aunque cada idea resolvía problemas específicos, ninguna cubría todo aquello para lo que se utiliza el correo electrónico.

Intenta imaginar cómo fue en su momento una hipotética propuesta de inversión (*elevator pitch*) para un inversor de capital riesgo que quisiera invertir en una solución de correo electrónico. El mercado objetivo es todo el mundo social y empresarial. Funciones diseñadas para todos los dispositivos, todas las industrias y todas las funciones empresariales. La conversación con el inversor finalizaría de forma abrupta acompañada de un condescendiente consejo:"Modera tu ambición, chaval".

Sin embargo, a pesar de décadas de lanzamiento de tecnologías alternativas, el correo electrónico sigue demostrando su utilidad. Y esto se debe a que el correo electrónico es un protocolo tremendamente eficaz más que una sencilla aplicación. Esto le confiere mayor aplicabilidad, y, también lo convierte en una mala inversión para el capital-riesgo.

Muchos productos de infraestructura de datos no producen beneficios, pero permiten a otros procesos crear valor hacia dentro y hacia fuera de la compañía. Invertir en calidad de datos, gestión de datos maestros o semántica e indexación, facilita el uso de los datos y reduce los costes de desarrollo de otras aplicaciones.

Aplicando una mentalidad de datos:

¿Hay algún proyecto o nueva aplicación que mejoraría con el acceso a datos de mejor calidad? ¿Existen pequeñas mejoras en la recopilación o estructuración de los datos que puedan aplicarse en el marco de este proyecto? ¿Cómo se podrían utilizar los datos mejorados en otras aplicaciones dentro de tu empresa, o con proveedores o clientes?

Referencias de consulta

LaFrance, Adrienne. "The Triumph of Email, Why does one of the world's most reviled technologies keep winning?" *The Atlantic* January 6, 2016
https://www.theatlantic.com/technology/archive/2016/01/what-comes-after-email/422625/

JUGADA 33: DATOS EN LA GASOLINERA

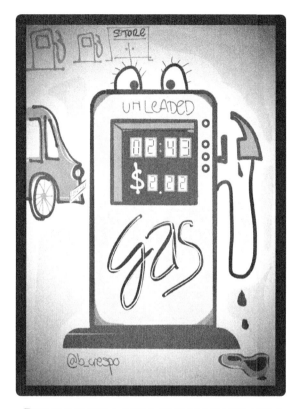

DONDEQUIERA QUE MIREMOS HAY DATOS
QUE PUEDEN CONVERTIRSE EN INFORMACIÓN.
EL NÚMERO Y EL COLOR DE LAS HOJAS DE UN
ÁRBOL NOS INDICAN LA ESTACIÓN DEL AÑO. SI
PUEDES VER LOS DATOS, PUEDES ENCONTRAR
FORMAS DE CREAR PERSPECTIVAS VALIOSAS
QUE SE CONVIERTAN EN PRODUCTOS DE
DATOS.

La próxima vez que veas una gasolinera tómate unos minutos para ver los datos. Si fueras un analista que trabaja para la empresa encargada de la gasolinera, ¿qué datos recopilarías y para qué podrías utilizarlos?

Los más obvios son las ventas de combustible y las ventas en tienda por día u hora del día. Qué tipo de combustible y qué productos se compran. ¿Cuántos coches pasan por el túnel de lavado o paran para revisar la presión o beber agua? ¿Cuál es el precio de todo y cómo afecta eso a la demanda?

Observa los coches que pasan, ¿cuáles son las marcas y modelos, qué antigüedad tienen? ¿Hay marcas que pasan más a menudo? ¿Cuántas personas van en cada coche? Considera otros puntos de datos, como las matrículas de los coches de los clientes que pasan y la marca y el modelo de cada vehículo de los clientes.

¿Hay niños en el coche? ¿Influye eso en el tiempo que se detiene el coche o en el tiempo que pasa en la tienda? ¿De dónde vienen los coches y adónde van después? ¿Y el tiempo meteorológico? ¿Cómo afecta al tráfico y a las ventas? ¿Afectan los precios del combustible al tipo de coches que entran o a las horas del día? ¿Hay otras gasolineras cerca? ¿Cómo afectan sus precios a las ventas?

¿Puedes contar el número de coches que pasan por delante de la gasolinera sin parar a repostar? ¿Cuántas veces pasa cada coche por la gasolinera en comparación con las veces que entra a repostar? ¿Qué se puede hacer para influir en esas cifras?

Combinar datos de distintas fuentes nos permite responder a más preguntas. Buscar formas creativas de captar datos nos llevará a nuevas maneras de resolver problemas.

Aplicando una mentalidad de datos:

No dejes piedra sin remover cuando pienses en dónde puedes recopilar datos. Piensa en los datos según las siguientes categorías: (1) Datos que ya tienes; (2) Datos que conoces, pero que no tienes; (3) Datos que no sabías que tenías; y (4) Datos en los que nunca habías pensado y que no recopilas actualmente.

Dibuja una cuadrícula de 2x2 y enumera las fuentes de datos por categoría en cada cuadrante. Una vez completada la lista, haz una lluvia de ideas sobre la información disponible si todas las fuentes de datos fueran accesibles. A continuación, busca formas de obtener los datos que faltan y los beneficios que podrían aportar una vez analizados.

JUGADA 34: ¿QUÉ TAN GRANDE ES ÁFRICA?

CUANDO MIRAMOS UN MAPAMUNDI, PERCIBIMOS ALGUNOS PAÍSES O CONTINENTES COMO MÁS PEQUEÑOS DE LO QUE SON. LAS PROYECCIONES EN LA ELABORACIÓN DE MAPAS TIENEN UN TREMENDO IMPACTO EN LAS PERCEPCIONES Y, POR TANTO, EN LAS POLÍTICAS. ¿CÓMO PODEMOS HACER VISUALIZACIONES MÁS REPRESENTATIVAS?

África es rica en recursos naturales: posee el 33% de los diamantes del mundo, el 80% del coltán y el 60% del cobalto. Es rica en petróleo y gas natural, y también en manganeso, hierro y madera. Las tierras cultivables de la República Democrática del Congo son capaces de alimentar a toda África. Tiene 1.300 millones de habitantes repartidos en 30 millones de km2, mientras que China tiene 1.400 millones en 9,6 millones de km2.

África es más grande que Europa, China y Estados Unidos juntos. Sin embargo, cuando se observa África en un mapa estándar o en un globo terráqueo, parece más o menos del mismo tamaño que Norteamérica. Al lado de Rusia, parece la mitad de ancha, pero en realidad es el doble. ¿Cómo ha afectado esta visualización a los 1.300 millones de habitantes de África?

Los proyectos cartográficos tradicionales han infra proyectado a los países del hemisferio sur. A partir de esos mapas se nos ha informado erróneamente de que África y Sudamérica no son tan grandes como Asia, Europa y Norteamérica. Estas percepciones erróneas han conformado nuestra visión del mundo y la importancia que damos a determinados países.

¿Y si dibujáramos un mapamundi en el que el tamaño de cada país fuera proporcional a su población, un cartograma? ¿Y si dibujáramos el mapa donde el tamaño del país fuera proporcional a la producción de alimentos de cada país? Utilizando diferentes tipos de proyecciones cartográficas, ¿pensaríamos de forma diferente a la hora de tomar decisiones sobre esos países?

"El arma más poderosa en manos del opresor es la mente del oprimido" ~Steve Biko

Aplicando una mentalidad de datos:

¿Qué zonas geográficas de tu organización o mercado pueden visualizarse como un mapa de áreas (por ejemplo, regiones de ventas)? En lugar de que el tamaño sea proporcional a la superficie, ¿qué otra cosa podrías utilizar (por ejemplo, crecimiento de las ventas, número total de meses antes de que venzan los contratos). ¿Cómo podría cambiar eso la forma de desplegar recursos en esos territorios?

En lugar de geografías, ¿qué otras cosas podrían dibujarse en un mapa de áreas (por ejemplo, categorías de productos o productos)? ¿A qué correspondería la superficie de cada producto (por ejemplo, el gasto en desarrollo de productos)? ¿Qué ocurriría si se añadiera una característica de relieve, por ejemplo las ventas anuales, y se pudiera visualizar el mapa en 3D?

Referencias de consulta

Roser, Max. "El mapa que necesitamos si queremos reflexionar sobre cómo están cambiando las condiciones de vida en el mundo", Our World In Data September 12, 2018 https://ourworldindata.org/world-population-cartogram

Wan, James. "Por qué Google Maps se equivoca con África" The Guardian April 2, 2014 https://www.theguardian.com/world/2014/apr/02/google-maps-gets-africa-wrong

Raven-Ellison, Daniel "Los Países Bajos en 100 segundos" Youtube October 23, 2019 https://youtu.be/v0AP18DjLA0

JUGADA 35: HACER UNA PREGUNTA MEJOR

LAS EMPRESAS GASTAN MUCHO DINERO EN CAPTAR NUEVOS CLIENTES. ES UNA MÉTRICA BRILLANTE Y CAPTAR NUEVOS CLIENTES ES ALGO ILUSIONANTE. PERO ¿Y LOS CLIENTES QUE VUELVEN UNA Y OTRA VEZ? ¿CÓMO SE INVIERTE EN ELLOS?

En el mundo de los negocios no hay escasez de datos, y los competidores suelen tener los mismos datos que tú. Por lo tanto, todas las organizaciones competidoras tratarán de encontrar las mismas eficiencias y vías para ganar más clientes. Lo que significa que acabarán haciéndose las mismas preguntas.

Preguntas como: ¿Cuál es el gasto medio de cada cliente? ¿Qué productos compran? ¿Cuánto cuesta captar un nuevo cliente? ¿Cómo podemos aumentar nuestra base de clientes fieles? ¿Qué podemos hacer para animar a un cliente a que repita una compra? Todas las organizaciones que se hagan estas preguntas y analicen datos similares con resultados similares, seguirán estrategias similares.

¿Qué ocurre si nos hacemos una pregunta fundamentalmente distinta? ¿Cuántos de los clientes por cuya adquisición hemos gastado dinero vuelven una sola vez? ¿dos veces? ¿Sólo tres veces? ¿Quiénes son nuestros clientes más fieles? ¿Con qué frecuencia vuelven? ¿A cuántos amigos recomienda cada uno de ellos? ¿Qué podemos hacer para animar y retener a nuestros clientes más valiosos? ¿Cómo podemos cambiar nuestro producto o servicio para aumentar el valor de esos clientes? ¿Y si pudiéramos incluir a esos clientes más valiosos en nuestro balance? ¿Cómo y cuánto invertimos en nuestra base de clientes?

Son preguntas poderosas que nos ayudan a centrarnos en lo que hay que hacer para cuidar a los clientes que nos importan.

Aplicando una mentalidad de datos:

Examina todos los informes estándar de tu organización, especialmente los indicadores clave de tu negocio (KPI). ¿Se fijan tus competidores en las mismas métricas? ¿Existen otras formas de analizar creativamente tu negocio que tus competidores no hayan tenido en cuenta?

Esto podría requerir una mirada introspectiva profunda en tu negocio, la comprensión de los clientes, el personal, la utilización del espacio o equipo, el ciclo de ventas, el ciclo de vida del cliente, el ciclo de vida de los empleados. De cada área de interés, haz tantas preguntas nuevas y diversas como puedas, anótalas y luego mira cuáles podrían darte alguna ventaja sobre tu competencia.

Referencias de consulta

Hevizi, Tamas "Repensar la creación de valor para el cliente con Peter Fader" Digital Value Creation July 30, 2020 https://www.digitalvaluecreation.io/interviews/rethinking-customer-value-creation-with-peter-fader

Val Rastorguev, Peter Fader and Daniel McCarthy "Cómo infravalorar su empresa un 50% en un solo paso" ThetaCLV October 4, 2019 https://thetaclv.com/resource/how-to-undervalue-your-business-by-50-in-one-easy-step/

JUGADA 36: GRÁNULOS DE DATOS DE CUENTAS POR PAGAR

CUANDO INFORMAMOS SOBRE UN GRAN
VOLUMEN DE DATOS, NOS APRESURAMOS A
AGREGAR Y RESUMIR. CREAMOS PROMEDIOS
QUE NOS DICEN CÓMO NOS VA. SIN EMBARGO,
LAS PERSONAS VULNERABLES CON
NECESIDADES ESPECIALES PUEDEN PERDERSE
EN UN MUNDO DE PROMEDIOS.

Una organización multinacional depende de una vasta red de proveedores. Cada año paga miles de millones de dólares en facturas por sus productos y servicios. Los proveedores van desde multinacionales estables a pequeños proveedores locales cuya supervivencia depende de que sus clientes paguen a tiempo.

Siguiendo las condiciones generales de los contratos con los proveedores, la empresa intenta pagar las facturas a tiempo. Para minimizar la morosidad, la organización utiliza los "días pendientes de pago" para establecer prioridades. Cierta multinacional creó informes sobre las facturas por antigüedad, y las más antiguas se aceleraron para su pago. Sin embargo, este ejercicio no tenía en cuenta a los proveedores más pequeños. Los proveedores más grandes pueden trabajar con plazos más dilatados, pero cuando un proveedor pequeño deja de cobrar durante un largo periodo de tiempo, todo su negocio corre peligro.

La organización decidió aplicar una nueva perspectiva al problema que ayudara a dar prioridad a los proveedores más pequeños sobre los más grandes. Utilizaron el concepto de "días en dólares pendientes de pago". Examinaron las facturas de cada proveedor, calcularon el número de días pendientes y lo multiplicaron por el importe adeudado, dando como resultado "días dólar". Sumaron los días-dólar de todas las facturas y lo expresaron como porcentaje del valor total de la factura al proveedor. Los proveedores con muchas facturas atrasadas pero un importe total pequeño, recibirían el pago antes que los grandes proveedores con facturas impagadas de gran valor.

Con esta nueva óptica, el operador minúsculo pero crítico, el proveedor B, puede tener prioridad sobre el gran suministrador, proveedor A. El proveedor B no quiebra y puede seguir prestando sus servicios a la empresa.

Aplicando una mentalidad de datos:

Cuando te encuentres con un problema de priorización, accede a los datos al nivel más bajo de detalle. A continuación, aplica una nueva lente a los datos para descubrir una nueva metodología de asignación de prioridades.

JUGADA 37: PIEDRA, PAPEL O TIJERA PARA LA EMPRESA DIGITAL

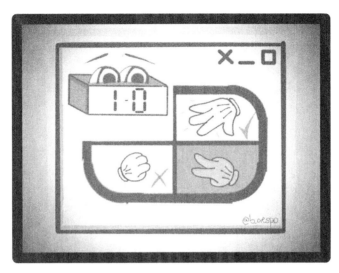

EL JUEGO DE PIEDRA, PAPEL O TIJERA ES UNA
METÁFORA ÚTIL PARA PASAR DE LA ERA
ANALÓGICA A LA DIGITAL. ¿CÓMO PODEMOS
UTILIZAR ESTA METÁFORA PARA GARANTIZAR
QUE LAS NUEVAS PROPUESTAS SEAN DISEÑADAS
PARA NATIVOS DIGITALES EN LUGAR DE
ANCLARSE EN UN PASADO ANALÓGICO?

Hasta hace poco, los documentos en papel, como los libros de contabilidad o los pasaportes, registraban información importante. Las tijeras y otras máquinas manipulaban objetos físicos. Las piedras como objetos persistentes de nuestras vidas eran las inversiones materiales con activos físicos: casas, coches o terrenos.

Si esas eran nuestra "piedra, papel o tijera" de la era predigital, ¿qué son ahora en un mundo conectado de datos? La información ha migrado del papel a la nube. Las herramientas críticas incluyen tecnologías informáticas, móviles y digitales. Y la propiedad de los activos físicos se ha sustituido por modelos *as-a-service*, dejando las relaciones como el activo persistente.

Una empresa de impresión fotográfica online permitía a sus clientes subir y almacenar fotos ilimitadas de forma gratuita a cambio de una determinada cantidad de dinero en impresión fotográfica al año. No supieron prever que la gente ya no imprimiría fotos, sino que las compartiría en las redes sociales, junto con vídeos que sencillamente ya no se pueden imprimir.

Los clientes de la empresa confiaban en esta empresa para custodiar sus fotos, ¿cómo podría la empresa sacar provecho de esta relación? Podrían ofrecer una copia de seguridad en la nube para los soportes digitales importantes del cliente: fotos, certificados, documentos o papeles con valor. Podrían crear una tecnología que indexara, organizara y facilitara el acceso desde cualquier lugar. Crear una experiencia de usuario ágil supondría una mejora respecto a la bandeja de entrada del consumidor como mecanismo de almacenamiento. Esto crearía una nueva oportunidad de ingresos que aumentaría con la adopción digital.

Cuando el papel y las tijeras cambian, las piedras proporcionan una nueva base para la propuesta. Basándose en la relación de confianza con la empresa, la gente confiaría en ellos para almacenar y distribuir artefactos digitales importantes.

Aplicando una mentalidad de datos:

Realiza un análisis DAFO de tu empresa (debilidades, amenazas, fortalezas y oportunidades). ¿Cuáles son las tendencias predominantes en el entorno social y empresarial?

¿Cuáles son las operaciones (papel)? ¿Cuáles son las herramientas (tijeras)? ¿Cuáles son los activos persistentes (piedras)? ¿Cómo se están transformando en un nuevo panorama empresarial digital?

¿Cómo puede tu empresa surcar las olas del cambio redefiniendo las transacciones, las herramientas y los activos?

Referencia de consulta

Dias, Gam 'Rock, Paper, Scissors for Digital Business' Imagine a World, January 1, 2013, https://www.realtea.net/rock_paper_scissors

JUGADA 38: EL TAXI DE VUELTA A CASA A LAS DOS DE LA MAÑANA

LOS CIRCUITOS DE RETROALIMENTACIÓN
PERMITEN A LAS ORGANIZACIONES MEJORAR
CONTINUAMENTE SUS PROCESOS Y LA
EXPERIENCIA CLIENTE. LOS BUENOS PROCESOS
RECOPILAN DATOS DE FEEDBACK DE FORMA
CASI TRANSPARENTE EN LOS PUNTOS DE
CONTACTO CON EL CLIENTE DURANTE EL
PROPIO PROCESO, PERO HAY QUE TENER
CUIDADO CON LA FORMA DE CALIFICAR LAS
VALORACIONES DE LOS CLIENTES.

Las empresas de viajes compartidos utilizan las valoraciones de los conductores como una poderosa forma de cambiar comportamientos. Proporcionan un informe semanal a cada conductor sobre su valoración por parte de los pasajeros. Despedir a los conductores con puntuaciones persistentemente bajas crea una cultura en la que los conductores se esfuerzan por obtener puntuaciones altas.

Estos datos son vitales para la calidad del servicio, por lo que el sistema garantiza que un pasajero no pueda reservar un nuevo viaje hasta que haya valorado su último viaje. Cierta empresa de viajes compartidos integró el dato de la valoración del trayecto en el propio servicio como una funcionalidad de diseño obligatoria.

Cuando se analizan los datos de puntuación de los clientes por hora, el turno de las 2 de la madrugada muestra una media de valoraciones mucho más baja. Las valoraciones con puntuaciones bajas proceden de pasajeros que no están sobrios. El aumento de las tarifas a altas horas de la noche significa que los pasajeros pagarán más por el mismo trayecto en comparación con las horas durante el día, lo que incrementa su posible insatisfacción. A pesar del mayor potencial de ingresos, el turno de las 2 de la madrugada es un arma de doble filo para los conductores.

Por eso, los buenos analistas, en lugar de fijarse en las medias del día, deben tener en cuenta las horas, los lugares y otros atributos contextuales de cada trayecto para ofrecer un análisis equitativo.

Aplicando una mentalidad de datos:

Piensa en un proceso de negocio de tu organización, interno o externo. ¿Cuáles son los circuitos de retroalimentación en los que se recopilan datos, se analizan y se utilizan para mejorar continuamente el proceso? ¿Se recopilan todos los datos necesarios con la calidad adecuada? Si no es así, ¿cómo puedes integrar la recopilación de datos en todos los puntos de contacto con el cliente?

Al analizar los datos sobre el rendimiento, ¿se tiene en cuenta todos los contextos en los que se recopilan? Desglosa el escenario de negocio en sus componentes. Pregúntate cómo interactúan estos componentes individuales y determina las posibles variables que pueden afectar al rendimiento. Fíjate en el tiempo, en las cohortes de usuarios, en el volumen de actividad en ese momento, en el clima y en la economía. Invita a participar en el proceso a otras partes interesadas con formación o conocimientos diversos para que piensen por qué puede variar el rendimiento.

Referencias de consulta

Cook, James 'Los gráficos internos de Uber muestran cómo funciona realmente su sistema de calificación de conductores' Business Insider, February 11, 2015, https://www.businessinsider.com/leaked-charts-show-how-ubers-driver-rating-system-works-2015-2

Schwager, Andre and Meyer, Chris "Comprender la experiencia del cliente", Harvard Business Review (February 2007), https://hbr.org/2007/02/understanding-customer-experience

JUGADA 39: VER EL BOSQUE A TRAVÉS DE LOS ÁRBOLES

Una historia de análisis de datos de contadores inteligentes pone de relieve la importancia de recabar activamente la opinión de las partes interesadas de la empresa que tienen experiencia en estos procesos.

Los contadores inteligentes rastrean el uso de los servicios públicos y pueden ser analizados a distancia. A un equipo experimentado de científicos de datos se le encargó que analizara los datos de los contadores eléctricos inteligentes. Aunque tenían experiencia en datos y análisis, el equipo no estaba familiarizado con las empresas eléctricas ni con la gestión de la distribución de energía.

Los contadores registraban el consumo eléctrico cada 15 minutos, a diferencia de los contadores convencionales, que proporcionan lecturas anuales o semestrales. La mayor abundancia de datos de análisis llevó a un miembro del equipo a descubrir que los clientes de las compañías eléctricas podrían clasificarse de la siguiente manera: (1) clientes que encendían la luz por la mañana y la apagaban por la tarde; y (2) clientes que encendían y apagaban la luz a lo largo del día.

Los contadores inteligentes también nos ofrecen información sobre la ubicación exacta, y a veces envían datos de geolocalización con la lectura. Al analizar los datos de los contadores inteligentes de los consumidores de viviendas unifamiliares, el científico de datos observó grupos de contadores situados físicamente al final de una calle en lugar de estar ubicados en cada vivienda unifamiliar. Consultando con el equipo de operaciones, se dieron cuenta de que no se trataba de una imprecisión de la red. Utilizando los registros de instalación, identificaron a un grupo de ingenieros de servicio que no seguían los procedimientos establecidos para así ahorrar tiempo en la instalación de los contadores.

Con un análisis pormenorizado de datos en detalle a lo largo del tiempo se pueden descubrir ideas sorprendentes; sin embargo, la profundidad de este análisis a veces puede ocultar las verdades más obvias, incluidas las que ya conocen a la perfección los usuarios de la empresa, los clientes y los socios. Afronta los proyectos de análisis con la mente abierta y estate preparado para escuchar.

Aplicando una mentalidad de datos:

¿Te enfrentas a un nuevo proyecto de análisis con datos con los que no estás familiarizado? Empieza leyendo sobre el tema para entender cómo se recopilan y analizan las métricas, busca anécdotas de anomalías. A continuación, desarrolla tu hipótesis y compártela con los especialistas de la empresa para aumentar tu comprensión. Pregunta a las partes interesadas qué datos adicionales desearían tener para aumentar el valor del análisis.

Referencias de consulta

Akhdar, Wassim ¿Dónde estoy? - ¿Son sus activos conscientes de su ubicación en la red? Itron May 10, 2022 https://www.itron.com/na/blog/industry-insights/are-your-assets-self-aware-of-their-location-on-the-grid

Sirolli, Ernesto "¿Quiere ayudar a alguien? ¡Cállese y escuche!" TED Talks, https://www.ted.com/talks/ernesto_sirolli_want_to_help_someone_shut_up_and_listen?language=es

JUGADA 40: SUSTITUIR COSTOSAS ENCUESTAS POR ANÁLISIS DE MEDIOS SOCIALES

CUANDO SE NOS PRESENTA UN PROBLEMA DE NEGOCIO, LO NATURAL ES BUSCAR DATOS CUANTIFICABLES Y ESTRUCTURADOS PARA ANALIZARLO. SIN EMBARGO, COMO MUESTRA ESTA JUGADA DEL SECTOR DE LOS VIDEOJUEGOS, ANALIZAR DATOS CONVERSACIONALES NO ESTRUCTURADOS PUEDE AHORRAR TIEMPO Y DINERO.

La producción de un videojuego de primer nivel puede costar fácilmente cientos de millones de dólares. Para recortar este monumental gasto, una productora se estaba planteando la exclusión de una conocida tecnología de sonido en su último juego.

El jefe de producto sabía que los sistemas de la mayoría de los jugadores disponían de audio de alta calidad y asumió que añadir esta costosa tecnología de sonido era algo superfluo y redundante. Para respaldar este tipo de decisión, se contrató a una agencia de estudios de mercado para que organizara grupos de discusión y enviara encuestas globales a los miembros de su panel. Sería un proyecto costoso y que llevaría un tiempo nada desdeñable, ¡6 meses y 6 cifras!

Como alternativa, decidieron utilizar análisis de texto en tiempo real para supervisar las redes sociales y los foros de juegos en busca de opiniones de los clientes. El jefe de producto escribió un post real en el que pedía a los foros más activos que expresaran su opinión sobre la hipotética eliminación de esa funcionalidad de sonido.

A las 12 horas de la publicación, el jefe de producto recibió un resultado aplastante. Se observó un enorme pico de opiniones negativas sobre la posible eliminación de la tecnología de sonido. El juego conservó su sonido de alta calidad y el equipo obtuvo su respuesta casi al instante y de forma gratuita.

Las conversaciones son la forma más prolífica de retroalimentación cuando se recogen datos de usuarios finales. Este tipo de contenido textual puede no estar estructurado y ser inadecuado para el análisis en hojas de cálculo, pero los rápidos algoritmos de procesamiento de lenguaje natural (*NLP* en inglés) permiten extraer información muy valiosa de los datos en bruto.

Aplicando una mentalidad de datos:

Cuando se investiga un mercado, el texto o los datos no estructurados, constituyen una rica fuente de información si se sabe cómo convertir la información cualitativa en cuantitativa.

Muchas empresas recogen opiniones con el objetivo de mejorar continuamente. Las redes sociales ofrecen una fuente gratuita de comentarios en el ámbito del consumidor final, que puede aprovecharse para obtener información crítica sobre productos, servicios, mercados y clientes. También ofrecen una oportunidad de aprendizaje continuo en el mercado B2B.

Crear y alimentar bucles de retroalimentación para tu producto o servicio puede proporcionar información oportuna y valiosa, incluso puede anticipar escenarios de pesadilla.

JUGADA 41: PIENSA COMO UN NATIVO DE DATOS

LA GENERACIÓN QUE HA CRECIDO CON
APLICACIONES DIGITALES TIENE UNAS
EXPECTATIVAS MUCHO MAYORES EN CUANTO
A LA EXPERIENCIA DEL USUARIO. ¿CÓMO
DEBEMOS EMPLEAR LA IA PARA SATISFACER
ESTAS NECESIDADES?

Mientras que los nativos digitales estaban más preocupados por lo que podían hacer con la tecnología, los nativos de datos están más preocupados por lo que esa tecnología puede hacer por ellos. Para ello, las máquinas inteligentes actúan a partir de datos.

Los nativos digitales programan su termostato. Los nativos de datos esperan que el termostato se programe solo.

Los nativos digitales utilizan la aplicación móvil de una cadena de cafeterías. Los nativos de datos quieren que la aplicación conozca sus bebidas favoritas y les sugiera una nueva.

Los nativos digitales utilizan un vigilabebés en red. Los nativos de datos esperan que su vigilabebés sepa si el llanto es normal basándose en millones de comportamientos de otros bebés.

Construir estas aplicaciones más inteligentes requiere un aprendizaje automático que sea capaz de presentar opciones a los usuarios humanos y ver lo que estos seleccionan, para después evaluar el resultado y perfeccionar lo que se presenta la próxima vez. Exactamente igual que los motores de búsqueda web mejoran sus resultados de búsqueda para hacerlos más relevantes.

Sin embargo, al utilizar estas tecnologías de inteligencia aumentada, debemos ser responsables en la forma en que esos sistemas recopilan datos representativos de todos los grupos y tener cuidado de no programar los algoritmos con nuestros propios sesgos.

Aplicando una mentalidad de datos:

¿Estás diseñando un nuevo sistema o proceso de negocio? Pensando como un nativo de datos, considera cómo ese proceso podría ser mejor simplemente comprendiendo, prediciendo o recomendando opciones a sus usuarios. Enumera todas las formas que puedas.

A continuación, calcula qué datos necesitarías para hacer realidad esas ideas. ¿Están los datos disponibles? Si no es así, ¿puedes encontrarlos? ¿Dispones de datos suficientes, puedes procesarlos y compartirlos? ¿Cómo puedes crear un sistema inteligente que no intimide a tus usuarios?

Referencias de consulta

Frazier, Mya 'The Data Driven Parent' The Atlantic May 2012
https://www.theatlantic.com/magazine/archive/2012/05/the-data-driven-parent/308935/

Nash, Adam "Mi carta a Starbucks móvil", Adam Nash Blog August 27, 2013 /

http://blog.adamnash.com/2013/08/27/my-letter-to-starbucks-mobile/

"Principios responsables del aprendizaje automático" ('The Responsible Machine Learning Principles'), The Institute for Ethical AI & Machine Learning https://ethical.institute/principles.html

JUGADA 42: DÓNDE FORTALECER LOS AVIONES

CUANDO ANALICES DATOS PARA RESOLVER UN PROBLEMA, ASEGÚRATE DE QUE DISPONES DE TODOS LOS DATOS, NO SÓLO DE UNA MUESTRA SESGADA DE LOS PUNTOS DE INFORMACIÓN QUE SE HAN CONTABILIZADO. ESTA JUGADA SOBRE LOS AGUJEROS DE BALA EN LOS AVIONES ILUSTRA EL "SESGO DE SUPERVIVENCIA" EN EL ANÁLISIS DE DATOS.

La guerra es una empresa cara y los militares buscan ahorrar costes. En el fragor de la Segunda Guerra Mundial, muchos aviones estadounidenses regresaban plagados de agujeros de bala. Los agujeros de bala se concentraban en el motor, el fuselaje y los sistemas de combustible.

Sección del avión	Agujeros de bala por pie cuadrado
Motor	1.11
Fuselaje	1.73
Sistema de combustible	1.55
Resto del avión	1.8

Los patrones observados ponían de relieve las partes del avión que recibían más impactos. Estas eran las partes que necesitarían más reparaciones una vez tomaran tierra los aviones. La hipótesis lógica era que si se reforzaban las partes que recibían más impactos, se necesitarían menos reparaciones y se podría ahorrar dinero rebajando el blindaje de las demás partes.

Los militares se pusieron en contacto con el estadístico Abraham Wald para que les ayudara a averiguar exactamente dónde había que reforzar los aviones. Le proporcionaron los datos detallados de los aviones supervivientes y dónde se concentraban los agujeros de bala.

Wald observó que los datos no eran representativos del problema. La razón por la que los datos mostraban menos impactos en los motores era porque los aviones que recibían impactos en el motor no regresaban para ser contabilizados. Y el hecho de que la mayoría de los aviones supervivientes tuvieran agujeros de bala en el fuselaje constituía una prueba fehaciente de que los aviones podían tolerar daños en el fuselaje.

Wald ofreció dos explicaciones para los datos:

1. Las balas alcanzaron cualquier otra parte del avión con mayor frecuencia que en el motor.

2. El motor es un punto vulnerable

Sólo la segunda explicación era válida, por lo que la recomendación de Wald de reforzar alrededor del motor se puso en práctica salvando muchos más aviones.

Este problema es un ejemplo del "sesgo de supervivencia", por el que, al intentar identificar el desempeño, no se contabilizan los que no sobrevivieron.

Analizando el perfil del mes de diciembre de los socios de un gimnasio que se dan de alta en enero con el objeto de determinar el mejor programa para aumentar su forma física, también hay que tener en cuenta los que se dieron de baja en febrero y en marzo.

Aplicando una mentalidad de datos:

¿Estás analizando los datos para determinar qué factores pueden influir en un rendimiento alto frente a uno bajo? Al examinar los datos disponibles, pregúntate: "¿Son estos todos los datos posibles o faltan algunos?". Especialmente en el caso de que hubiera más casos al principio que al final. ¿Cómo podrían sesgar el resultado los valores que te faltan?

Al examinar un proceso empresarial, traza el ciclo de vida del proceso y determina los resultados positivos y negativos. ¿Se salieron del embudo algunos participantes en el flujo antes del final? Recoge y cuenta también esos datos.

Referencias de consulta

Ellenberg, Jordan "Un extracto de Cómo No Equivocarse" ('An excerpt from How Not To Be Wrong') Abraham Wald and the Missing Bullet Holes Penguin Press July 14. 2016,
https://medium.com/@penguinpress/an-excerpt-from-how-not-to-be-wrong-by-jordan-ellenberg-664e708cfc3d

JUGADA 43: BEBÉS CON DATOS PRECARGADOS

LA PUBLICACIÓN DE DATOS PERSONALES
COMIENZA AL NACER Y EXISTEN POCOS
CONTROLES SOBRE CÓMO SE ALMACENAN Y
COMPARTEN. SI INCORPORAMOS LA NUEVA
NORMATIVA SOBRE PRIVACIDAD A LOS
MODELOS DE NEGOCIO, PODRÍAMOS CREAR
UN NUEVO MERCADO DE DATOS PERSONALES
CON CONSENTIMIENTO PLENO.

Los niños nacidos después de 2021, después de la generación Z, tendrán su vida documentada y procesada online. Los padres y tutores habrán dado su consentimiento informado sin el consentimiento explícito del niño. Utilizando únicamente fotos de cumpleaños y de la vuelta al cole publicadas en las redes sociales, la edad del niño, su domicilio y sus datos biométricos se convierten en una mercancía en una economía de datos públicos.

Durante el embarazo, los padres crean cuentas en Internet para sus hijos no nacidos con el fin de obtener muestras gratuitas de productos para bebés. Una vez que nace el niño, añaden la fecha de nacimiento, el nombre y el sexo. Antes del nacimiento, ya se ha establecido el rastro de datos.

A medida que el niño crece, y de nuevo bajo la delgada cobertura del consentimiento de la casilla de verificación, el minorista podrá captar la talla del niño, su gasto anual y sus marcas de ropa preferidas. Utilizando esta información, combinada con datos demográficos basados en el código postal, ¿sería posible predecir el futuro del niño? ¿Podemos ir más allá y predecir el trabajo, la educación superior o el potencial de ingresos del niño? Aquí es donde el uso de datos empieza a dar vértigo.

La empresa minorista podría hacer mucho más, empezando por cambiar el centro de control del consentimiento explícito de la familia. Estos datos se guardarían de forma segura en la cámara digital y los padres podrían actualizarlos o eliminarlos en cualquier momento.

Desde esta cámara, los padres podrían compartir de forma segura con los miembros de la familia listas de deseos de tallas precisas. En lugar de buscar datos subrepticiamente, los padres ofrecerían voluntariamente sus datos para obtener las ventajas adecuadas. Esta idea de datos personales y usuarios en control de sus datos es un principio clave de lo que se conoce como *zero party data* [1].

Adoptar la idea de *zero party data* e incorporarla a tu modelo de negocio te abrirá nuevas oportunidades de ingresos y beneficios.

Aplicando una mentalidad de datos:

Ahora disponemos de normas más estrictas en torno a la recopilación, el tratamiento y el uso de datos personales. ¿Capturas y conservas los datos personales de tus clientes o empleados? ¿Cómo se puede ir más allá del cumplimiento de la normativa facilitando a la persona el mantenimiento de su intimidad y el control de esos datos?.

¿Cómo se pueden diseñar servicios para que los interesados obtengan más valor de sus datos? ¿Qué nuevo modelo de negocio puede derivarse de este nuevo planteamiento?

Referencias de consulta

Dias, Gam "¿Puede generar confianza ofreciendo privacidad?" ('Can you build trust through offering privacy?') Privacy for Profit, October 18, 2020 https://privacyforprofit.com/2020/10/18/why-privacy-for-profit/ dddd

Dias Gam, "Refinamiento de la privacidad" ('Refining Privacy') Joined Up Thinking Blog January 18, 2021 https://joinedupthinking.xyz/redefining-privacy/

Hunt, Elle "Abandona Google, no le des a "aceptar todo": cómo luchar por tu privacidad" ('Give up Google, don't hit 'accept all': how to fight for your privacy') The Guardian September 28, 2020 https://www.theguardian.com/books/2020/sep/28/carissa-veliz-intrusion-privacy-is-power-data

Nota del traductor

(1) En contraste con lo que se conoce como datos de segunda parte (en inglés, *second-party data*) o datos que nacen fruto de acuerdos estratégicos entre dos empresas una vez eliminados los registros duplicados de tus datos de primera parte (en inglés, *first-party data*) o datos que cada empresa individualmente ha recabado con el consentimiento directo del usuario. Por último, están los datos de tercera parte (en inglés *third-party data*) o datos procedentes de una tercera organización que comercia con esa información personal, aparentemente con el consentimiento de los usuarios.

Forrester Research acuñó el término *Zero-Party Data* en 2018 para referirse a los datos que un cliente comparte con una marca de forma intencionada y proactiva, pudiendo incluir preferencias, intención de compra, contexto personal y la forma en la que la persona desea ser reconocida por dicha marca."

JUGADA 44: ¿QUÉ SITIOS WEB PREFIEREN LOS VIAJEROS DE AVIÓN?

A VECES, EN LA CIENCIA DE DATOS, HAY TENDENCIAS O ANOMALÍAS EN LOS DATOS QUE SON INEXPLICABLES SIMPLEMENTE MIRANDO LOS DATOS. ESTA JUGADA ANALIZA UNO DE ESOS HALLAZGOS Y LA NECESIDAD DE HACER UN POCO DE TRABAJO DETECTIVESCO.

Las agencias de medios digitales utilizan la ciencia de datos para analizar los sitios web por los que navega su público. Una agencia especializada en viajeros frecuentes de aerolíneas utilizó datos de navegación móvil para conocer los intereses e intenciones de sus usuarios.

Utilizaron datos de navegación de teléfonos móviles tomados en aeropuertos para aislar una muestra de viajeros aéreos, su público objetivo. Pretendían probar una hipótesis según la cual los viajeros navegaban por determinados sitios de noticias, redes sociales y webs de reserva de viajes.

Los científicos de datos se sorprendieron al ver los resultados de un gran aeropuerto. El historial de navegación agregado mostraba que el interés más popular era un grupo concreto de escrituras religiosas. Se trataba de una tendencia constante a lo largo de meses y años, no de una tendencia puntual. No encontraron ninguna explicación lógica fácil.

Profundizaron en los datos y descubrieron que el tráfico de esos sitios procedía de un grupo coherente de direcciones. Esto demostraba que no se trataba de hábitos de navegación de viajeros de paso.

Para entenderlo, tuvieron que salir de los datos y hablar con los empleados del aeropuerto. Identificaron que el grupo religioso estaba formado por mozos de equipaje procedentes del mismo país, donde esa religión era mayoritaria. El elevado tráfico se debía a los períodos de calma entre las llegadas de los aviones, cuando estos empleados disponían de tiempo para estudiar sus escrituras accediendo a la página web.

Aplicando una mentalidad de datos:

Los datos te lo dirán todo, pero no creas lo que te cuentan sin aplicar un pensamiento crítico. Las estadísticas o percepciones increíbles deben tratarse sólo como eso, realidades poco creíbles. Además, si los datos te llevan a un callejón sin salida, no tengas ningún reparo en salir y hablar con la gente. Una vez que hayas formulado una hipótesis y la hayas demostrado con los datos, haz todo lo posible por refutarla.

JUGADA 45: UNA FORMA DE ESCUCHAR A TUS CLIENTES SIN FRICCIÓN

SOLICITAR Y RECIBIR OPINIONES, TANTO
CUANTITATIVAS COMO CUALITATIVAS, ES
VITAL PARA GARANTIZAR QUE UN PRODUCTO
O SERVICIO CUMPLA LAS EXPECTATIVAS.
¿CÓMO PODEMOS ANIMAR A LOS CLIENTES A
QUE NOS DEN SU OPINIÓN?

Hay muchos sitios de opiniones en Internet para que los clientes valoren el servicio y dejen una recomendación detallada del producto. Pero ¿cuándo se toman la molestia los usuarios de dejar una reseña? En la mayoría de los casos, cuando están muy contentos o muy molestos. No obstante, los clientes no tienen ninguna garantía de que su opinión sea leída por la empresa evaluada.

Las opiniones positivas de los clientes son un indicador clave (KPI) común, pero la recolección de datos está diseñada para alcanzar un objetivo en lugar de desencadenar acciones para mejorar la experiencia.

Podemos encontrar mejores formas para que las empresas recopilen opiniones auténticas, con fiabilidad y a gran escala. Un correo electrónico posterior a la compra o la pregunta del operador de la caja sobre si todo le ha parecido bien son métodos aceptables, pero los clientes no nos dirán gran cosa. Los chatbots pueden ser mejores, y aún así siguen exigiendo un esfuerzo por parte del usuario para dar su opinión sin una recompensa tangible.

Una conocida empresa de batidos cuenta la historia de sus inicios. "Empezamos [nuestra empresa] en 1999 con el sueño de facilitar que la gente hiciera algo bueno para ellos mismos. Llevamos nuestros batidos a un festival de música, donde pusimos un gran cartel en el que preguntamos a la gente si creían que debíamos dejar nuestros trabajos para hacer bebidas con fruta triturada. Debajo del cartel pusimos una papelera que decía "sí" y otra que decía "no", y pedimos a la gente que votara con sus envases vacíos. Al final del fin de semana la papelera del 'sí' estaba llena, así que al día siguiente renunciamos a nuestros trabajos y nos pusimos manos a la obra".

Los fundadores del batido recogieron las opiniones en el mismo momento de la experiencia. Su metodología de encuesta no sólo incluía a clientes en los extremos de la satisfacción (muy satisfechos / muy insatisfechos). También proporcionó un conjunto de resultados muy visuales y viscerales para tomar una decisión certera sobre su próxima ocupación al día siguiente.

Los comentarios cualitativos y cuantitativos son una de las fuentes de datos más importantes para una empresa. Si estás en el mundo de las startups, es crucial encontrar la adecuación del producto al mercado. Crear mecanismos para captar con precisión las opiniones de los clientes e incorporarlas a las decisiones empresariales es una función clave en el uso de los datos.

Aplicando una mentalidad de datos:

¿Qué procesos empresariales afectan a los clientes internos o externos? ¿Cuáles son las experiencias por las que se sabe que pasan los clientes? ¿Qué mecanismos existen para recopilar información sobre su experiencia? ¿Qué porcentaje de clientes dejan comentarios? ¿Qué datos se recogen y quién los utiliza para tomar decisiones?

¿Existe algún mecanismo que permita recopilar esos datos mientras el cliente compra o utiliza el producto? ¿Cómo puede integrarse la recogida de datos en la experiencia del producto? ¿Hay algo que se pueda hacer para informar al cliente de que su opinión ha sido escuchada y de que se están tomando medidas?

Referencias de consulta

"Pequeñas bebidas, grandes sueños de Innocent Drinks" ('Little drinks, big dreams' Innocent Drinks), https://www.innocentdrinks.co.uk/a-bit-about-us

JUGADA 46: HACER SUPOSICIONES PELIGROSAS CON DATOS DEMASIADO HABITUALES

EN LOS GRANDES PROYECTOS DE SOFTWARE
EN LOS QUE PARTICIPAN EQUIPOS
DESCENTRALIZADOS, LOS ERRORES MÁS
SIMPLES PUEDEN CONVERTIRSE EN ERRORES
CRÍTICOS. ESTA JUGADA PONE DE RELIEVE
CUANDO DISTINTOS EQUIPOS INTERPRETAN
DE FORMA DIFERENTE CIERTAS PALABRAS PARA
UN CÁLCULO.

Es posible que te hayan pedido que cambies de asiento antes del despegue cuando vuelas en un avión más pequeño. Esto se hace para distribuir la carga y garantizar que el avión vuela dentro de sus límites de seguridad. Los accidentes mortales se han atribuido a un cálculo erróneo del combustible, la altitud y el empuje debido a errores en el cálculo de la carga.

Poco antes del despegue, todos los pilotos de líneas aéreas comerciales reciben una hoja de carga, que contiene información como el peso del avión en vacío, el peso del combustible y la carga útil. Un componente importante de la carga útil serán los pasajeros, aunque esto sólo puede estimarse. También hay que tener en cuenta que el peso medio de los pasajeros es mayor hoy que hace diez años.

En 2020, se descubrió que tres vuelos de pasajeros del Reino Unido a España transportaban mucho más peso en la realidad que el documentado. Uno de los vuelos, con 187 pasajeros, llevaba más de 1.200 kg por infraestimación del peso asignado a 38 pasajeros. La Oficina de Investigación de Accidentes Aéreos (AAIB) lo calificó de incidente grave.

El error de cálculo se debió a que el título de "señorita" (*Miss* en inglés) se interpretó como pasajero infantil. Esto supuso calcular la asignación de peso de una niña de 35 kg frente a los 69 kg de una mujer adulta.

El informe de la AAIB afirmaba que "la programación del sistema no se llevó a cabo en el Reino Unido, y en el país donde se realizó, se utilizó el título de señorita (*Miss*) para una niña, y el de *Ms*. para una mujer adulta, de ahí el error". Este cálculo escapó a los controles de calidad del software, afortunadamente sin consecuencias desastrosas.

A la hora de planificar cualquier proyecto que requiera cálculos precisos, la calidad de los datos es de vital importancia.

Aplicando una mentalidad de datos:

La calidad de los datos adopta muchas formas, y es demasiado fácil cometer errores con datos que se conocen bien. Cuanto más conocidos sean los datos, más necesario será adoptar un punto de vista objetivo y cuestionar los supuestos antes de diseñar y desarrollar cualquier acción correctora.

Cuando se especifique un nuevo sistema y se trabaje con cálculos, sobre todo en procesos de alto riesgo, haz que el equipo elabore conjuntamente una lista exhaustiva de supuestos y, a continuación, revísala para asegurarte que es válida. Los supuestos sobre los datos incluirán los valores de rango esperados, la fuente, la integridad, la unidad de medida así como su volatilidad.

Referencias de consulta

Claburn, Thomas "Un error en el software de las aerolíneas: La carga de los vuelos se calculó mal porque las mujeres que utilizaban "señorita" eran tratadas como niñas." ('Airline software super-bug: Flight loads miscalculated because women using 'Miss' were treated as children') The Register, April 8, 2021 https://www.theregister.com/2021/04/08/tui_software_mistake/

JUGADA 47: SOLICITUDES DE HIPOTECAS ANALIZADAS DE DOS MANERAS

LOS ANALISTAS CON TALENTO VEN UN
PROBLEMA E INMEDIATAMENTE SON CAPACES
DE VER DÓNDE ESTÁ LA SOLUCIÓN. SIN
EMBARGO, COMO SE ANALIZA EN ESTA JUGADA
SOBRE SOLICITUDES DE HIPOTECAS, HAY AÚN
MÁS VALOR CUANDO SE AUMENTA LA
DIVERSIDAD DEL EQUIPO.

Un operador de préstamos hipotecarios procesaba miles de solicitudes de hipoteca al mes, cada una de las cuáles requería un proceso de aprobación muy laborioso. Aunque aprobaban y financiaban muchas hipotecas, un alto porcentaje de solicitudes no se financiaban. Se pidió a dos equipos independientes que estudiaran el problema.

La hipótesis del equipo de análisis web era que el problema radicaba en el abandono de las solicitudes online. La mayoría de las solicitudes tardaban mucho tiempo en completarse y requerían múltiples iteraciones. Los tiempos de cumplimentación más largos y el aumento del abandono también se producían si se pedía al solicitante que buscara información adicional. Si el solicitante se quedaba atascado o necesitaba ayuda, también abandonaba antes de terminar. Había preguntas comunes que dejaban perplejos a muchos solicitantes.

El equipo formuló valiosas recomendaciones para reducir el abandono: Mostrar el tiempo previsto para completarlo al principio, mostrar una barra de progreso durante todo el proceso e incluso mostrar mensajes de ánimo; además, facilitar una lista de todos los documentos necesarios para completar correctamente el formulario.

El equipo de operaciones empezó analizando las transacciones y marcas de tiempo reales del proceso de negocio, una técnica conocida como minería de procesos de negocio. Observaron dos caminos principales seguidos por las solicitudes presentadas: un camino contenía solicitudes correctas que recibían una oferta de financiación; el segundo camino contenía solicitudes incorrectamente cumplimentadas que requerían de una llamada de un agente de servicio para ser corregidas.

Las solicitudes incorrectas fueron las que recibieron un mayor porcentaje de ofertas hipotecarias y fueron financiadas. Un análisis más detallado demostró que el toque humano de una llamada del servicio de atención al cliente era un factor importante para que se aceptaran las ofertas hipotecarias.

Los distintos enfoques adoptados por cada equipo aportaron una visión y una solución diferentes, ambas valiosas para la empresa. Este es un ejemplo perfecto de cómo utilizar el pensamiento divergente para resolver problemas. Si aportas a un problema personas con diferentes antecedentes y experiencias, aumentarás la diversidad de pensamiento, minimizando el riesgo de no detección de problemas potenciales.

Aplicando una mentalidad de datos:

¿Tienes un problema de negocio difícil de resolver? ¿Qué habilidades y experiencias diversas aumentarían el número de formas de ver ese problema?

¿Están representadas las distintas funciones de la empresa, por ejemplo, finanzas y marketing? Si se trata de un problema de interfaz de usuario, ¿están representadas las personas con problemas de visión?

Si no puedes encontrar representación de todos los grupos de interés, haz dos intentos de resolver el problema. Elabora una hipótesis y adopta un enfoque, luego déjalo a un lado y fuerzate a ver el problema desde un ángulo completamente distinto.

Referencias de consulta

Dobrin, Seth and van der Heever Susara, "Poner la diversidad al servicio de la ciencia de datos" (Putting Diversity To Work In Data Science), Forbes January 24, 2020, https://www.forbes.com/sites/ibm/2020/01/24/putting-diversity-to-work-in-data-science/

JUGADA 48: HEDGE FUNDS Y DATOS ALTERNATIVOS

SI HAY UNA FORMA LEGAL DE GANAR DINERO,
LOS FONDOS DE ALTO RIESGO (*HEDGE FUNDS*
EN INGLÉS) QUERRÁN SACAR TAJADA. ASÍ QUE
NO ES DE EXTRAÑAR ALGUNAS DE LAS
TÉCNICAS INNOVADORAS QUE UTILIZAN ESTOS
FONDOS PARA ENCONTRAR Y ANALIZAR
DATOS.

El potencial de ingresos derivado de invertir en bolsa puede ser astronómico. Disponer de información más oportuna y precisa sobre empresas y mercados marca la diferencia. Los bancos y las agencias de valores invierten en sistemas de negociación de microsegundos para obtener una ventaja competitiva. Los fondos de alto riesgo (*hedge funds* en inglés) invierten en datos; he aquí algunos ejemplos de los datos alternativos que rastrean.

Un fondo compró una empresa telemática de transporte de mercancías para rastrear el movimiento de mercancías en todo el país. Esto le proporcionó información de referencia sobre qué organizaciones estaban moviendo mercancías y, por tanto, los niveles de actividad de los fabricantes y minoristas en industrias específicas.

Otro fondo de alto riesgo realiza un seguimiento de los movimientos de los ejecutivos de una empresa en jet privados utilizando registros de aeronaves, archivos corporativos y comunicaciones de vuelo. Los patrones inusuales, como una secuencia de visitas a las sedes de otras empresas de un sector o incluso al domicilio de un consejero delegado, podrían ser precursores de fusiones y adquisiciones entre ambas empresas.

Algunos *hedge funds* utilizan imágenes por satélite de los aparcamientos de supermercados y centros comerciales. El recuento diario u horario de los coches en los aparcamientos les proporciona una aproximación a las ventas minoristas, sobre todo en la temporada de vacaciones.

Otro fondo compró la empresa que mantiene el inventario maestro de las redes de telefonía móvil responsables de cada número de teléfono. La portabilidad de un número de teléfono permite a esta empresa registrar los clientes que cambian de operador. En conjunto, esto revela cómo crece o decrece cada red.

Los fondos de alto riesgo tienen un gran interés en los vehículos eléctricos y en cómo se alimentan, sobre todo para adquirir recursos como el litio y el cobalto. Hay una planta de baterías situada en una zona desierta, cuyos propietarios mantienen en secreto los niveles de producción. Un *hedge fund* utilizaba imágenes por satélite para seguir la actividad de los camiones que entraban y salían de la planta e intentar predecir la producción, sin embargo, un camión podía estar total o parcialmente lleno. Para mejorar la información, colocaron sensores en las líneas eléctricas que rodeaban la planta. Un camión lleno de baterías cargadas que pasara por debajo de una línea eléctrica generaría un campo magnético que podía medirse, indicando cuántas baterías llevaba el camión.

Aplicando una mentalidad de datos:

¿Qué datos de mercado investigas o adquieres actualmente? ¿Existen formas alternativas de encontrar esos datos o sustitutos de los mismos? ¿Puedes obtener esa información antes que tus competidores? Busca dependencias arriba y abajo de la cadena de suministro en las que los datos estén fácilmente disponibles. Busca datos publicados en los informes anuales o en los comentarios de los clientes sobre los productos y servicios de tus competidores.

Referencias de consulta

Bachman, Justin, "Los fondos de alto riesgo rastrean los jets privados en busca del próximo mega negocio" ('Hedge Funds Are Tracking Private Jets to Find the Next Megadeal') Bloomberg, July 2, 2019 https://www.bloomberg.com/news/articles/2019-07-02/hedge-funds-are-tracking-private-jets-to-find-the-next-megadeal

Kim, Ted. "Datos alternativos para los fondos de alto riesgo: La ventaja competitiva de la inversión" ('Alternative Data for Hedge Funds: The Competitive Edge to Investing'), SimilarWeb September 30, 2021 https://www.similarweb.com/corp/blog/investor/asset-research/hedge-funds-use-alternative-data/

"Cómo las imágenes por satélite ayudan a los fondos de alto riesgo a obtener mejores resultados" ('How Satellite Imagery is Helping Hedge Funds Outperform') International Banker, June 26, 2020 https://internationalbanker.com/brokerage/how-satellite-imagery-is-helping-hedge-funds-outperform/

JUGADA 49: COMPRUEBA LA BATERÍA ANTES DE PEDIR UN TAXI

¿ALGUNA VEZ HAS SALIDO, NO HAS PODIDO CARGAR EL MÓVIL Y TE HA PREOCUPADO NO PODER LLAMAR A ALGUIEN QUE TE LLEVE A CASA DESDE TU SMARTPHONE? ¿QUÉ TIPO DE DATOS CREES QUE SE RECOPILAN SOBRE TI?

Cuando pidas un taxi a través de una app, asegúrate de que tu teléfono está completamente cargado. Es probable que la aplicación controle la duración de tu batería para estimar lo desesperado que estás por ese trayecto. Estos datos se utilizan para calcular los precios de forma dinámica.

Pero no son los únicos datos que recogen. Cada trayecto que haces se suma a la información sobre dónde y cuándo te recogen y te dejan habitualmente, los mensajes entre tú y los conductores, incluso cómo valoras a cada conductor. Además, recogen datos detallados del trayecto, como la velocidad y la aceleración. Estos datos se utilizan para ayudar a la empresa a mejorar el servicio. Disponer de la identidad y los datos de contacto del usuario también protege a los conductores.

Algunas aplicaciones también pueden recopilar información sensible del usuario, como orientación sexual, embarazo, información sobre el parto, creencias religiosas, políticas y filosóficas, así como datos biométricos e información genética de las redes sociales y donde su número de teléfono puede utilizarse para acceder a su perfil. Estos datos se utilizan para marketing y publicidad.

Es muy tentador para las empresas recopilar datos de cada actividad, movimiento o transacción. Y cuando se combinan y analizan desde varios ángulos, el valor puede cambiar las reglas del juego para la empresa o incluso puede cambiar sectores, tal y como están haciendo los operadores de viajes compartidos en los mercados del transporte.

La mayoría de las aplicaciones que utilizas en tu smartphone se encargan de recopilar datos sobre el teléfono, tu ubicación y todo lo que haces con él. En efecto, da miedo y por eso las nuevas leyes de privacidad se han diseñado para impedir la explotación no autorizada de datos personales no consentidos.

Los datos más interesantes son también los más peligrosos. Deliberada o inadvertidamente, las personas pueden verse perjudicadas por decisiones tomadas a partir de los datos recogidos.

Aplicando una mentalidad de datos:

A la hora de identificar los datos que se van a utilizar para resolver un problema, piensa detenidamente qué decisiones se tomarán basándose en esa información. Piensa si se divulgará la información de un individuo o de un grupo y cómo eso podría afectar negativamente a cada usuario de forma individual. La recogida del consentimiento para procesar estos datos debe ser explícita y siempre requiere del permiso del usuario.

Si, como en el caso de los viajes compartidos (por ejemplo, la localización en tiempo real del usuario), los beneficios para el usuario son relevantes (poder conseguir un taxi a tiempo), no dudarán en dar su consentimiento para que sus datos sean utilizados con este fin. A ti te corresponde diseñar un servicio en el que los usuarios contribuyan voluntariamente con sus datos para disfrutar de ventajas.

Referencias de consulta

Kingsley-Hughs, Adrian "Por qué Uber vigila el nivel de batería de tu smartphone" ('Why Uber is watching your smartphone's battery level') ZDNet May 20, 2016 https://www.zdnet.com/article/why-uber-is-watching-your-smartphones-battery-level/

Phillips, Gavin "Qué aplicaciones de viajes compartidos recopilan más datos sobre ti" ('Which rideshare apps collect the most data on you') Makeuseof January 28 2022 https://www.makeuseof.com/which-ride-hailing-apps-collect-most-data/

Braw, Elisabeth with Palazzolo, Franco "Cómo recopilan y comparten datos las aplicaciones de viajes compartidos: Un riesgo para la seguridad nacional" ('How rideshare apps collect and share data: A national security risk') Royal United Services Institute https://static.rusi.org/307_RideShareData-EI.pdf

JUGADA 50: ¿HAY DATOS EN UN BACHE DE LA CARRETERA?

TODAS LAS PERSONAS TIENEN SESGOS, MUCHOS DE ELLOS ÚTILES PARA ACELERAR LA TOMA DE DECISIONES. EL APRENDIZAJE AUTOMÁTICO HEREDARÁ LOS SESGOS DE LOS HUMANOS QUE UTILICEN ESTAS HERRAMIENTAS, Y A VECES ESTO PERJUDICA AÚN MÁS A DETERMINADOS GRUPOS.

Hay todo tipo de formas novedosas de recopilar datos procesables. Una antigua ciudad estadounidense de la costa Este tenía un enorme problema con los baches: había que reparar unos 20.000 agujeros en la calzada cada año. Incluso localizarlos requería de un ejercicio de gran coordinación y esfuerzo.

La tecnología de los teléfonos inteligentes permite recopilar datos de miles o incluso millones de dispositivos, con un esfuerzo mínimo por parte de los propietarios de los teléfonos. Los teléfonos inteligentes incorporan acelerómetros que detectan los movimientos y un GPS que localiza el teléfono. Cuando salió a la venta el iPhone, la ciudad ideó una aplicación que detectaba cuándo un teléfono estaba en un coche y éste pasaba por encima de un bache y con precisión, dónde se encontraba ese socavón.

La aplicación fue muy eficaz a la hora de informar de baches que se podían arreglar rápidamente. Sin embargo, al cabo de un tiempo la ciudad observó que estos agujeros en la calzada sólo se arreglaban en las zonas más acomodadas. Cuando salió el iPhone, su penetración se concentró en las personas con rentas más altas. Las zonas donde vivían los grupos de renta más baja tenían menor probabilidad de que sus baches fueran reparados.

Cuando la muestra utilizada para el análisis no es representativa de toda la población, los resultados pueden ser sesgados, como hemos visto con las reparaciones de baches. Esto puede tener un efecto perjudicial para determinados grupos que estaban infrarrepresentados.

Cuando diseñes aplicaciones o experimentos de datos, piensa cómo se puede evitar o mitigar ese sesgo.

Aplicando una mentalidad de datos:

¿Hay algún análisis que se esté planificando en este momento? ¿Qué datos necesitas para el análisis y cómo los estás recopilando? ¿Cuál es la decisión de negocio que se tomará utilizando estos datos?

¿Qué personas se beneficiarán de esta decisión? ¿Hay personas o grupos que podrían quedar excluidos del beneficio y cuál sería su pérdida?

¿Incluyen los datos del análisis suficiente información sobre los grupos que potencialmente no se benefician? ¿Cómo podemos asegurarnos de que se recogen datos de esos grupos, en proporción al tamaño relativo de los mismos?

En el equipo de investigación o diseño, ¿están representados estos grupos o se propugna su legítima protección?

Referencias de consulta

Crawford, Kate "Los sesgos ocultos en Big Data" ('The Hidden Biases in Big Data'), Harvard Business Review April 1, 2013 https://hbr.org/2013/04/the-hidden-biases-in-big-data

JUGADA 51: ¿CONOCES BIEN A TUS CLIENTES?

La mayoría de los programas de fidelización en el sector hotelero son iguales, los mismos datos captados, las mismas segmentaciones de los clientes habituales para saber más sobre ellos. Esta jugada analiza una definición diferente de un programa de fidelización.

Una cadena hotelera internacional estaba revisando su programa de fidelización de clientes. El programa funcionaba con éxito, con millones de miembros que acumulaban y gastaban puntos. Pero ningún programa, por exitoso que sea, puede dormirse en los laureles, el mercado es sencillamente demasiado competitivo.

La empresa analizó todos los atributos de sus clientes tratando de comprender qué aspectos generaban mayor grado de fidelización entre sus clientes. Utilizaron la lente de la información histórica sobre estancias y gastos, las preferencias y los datos sociodemográficos. Esta información se utilizó para personalizar el servicio. La recopilación de datos más personales a través de encuestas a los clientes y su seguimiento on y offline les permitió mejorar la experiencia cliente.

Pero el equipo de fidelización también reconoció que el mundo está cambiando y que los consumidores son cada vez más conscientes y precavidos sobre cómo se recopilan y utilizan sus datos personales. La integridad y la seguridad de los datos de los clientes son ahora parte integrante de la promesa de la marca.

Recopilar más datos personales y respetar la privacidad eran fuerzas opuestas en el equipo de fidelización: ¿Cómo podemos conocer íntimamente los deseos y necesidades de nuestros clientes recopilando y utilizando de forma responsable los datos que recolectamos sobre ellos?

En este contexto, se plantearon una sencilla pregunta de difícil respuesta: "¿Quiénes son nuestros clientes más fieles? A lo que un miembro del equipo de fidelización dio una respuesta brillante: "Nuestros clientes más fieles son los que mejor nos conocen".

Si alguna vez ha sido cliente habitual de un determinado hotel, por estancias de largas de trabajo o vacaciones anuales, al cabo de unas cuantas estancias empezará a conocer la distribución del hotel, los restaurantes, las mejores y peores habitaciones, incluso cuál es el personal más servicial.

Los viajeros con muchas millas acumuladas y alto estatus conocen los horarios de los vuelos, las conexiones y tienen asientos preferentes en los distintos aviones. A lo largo del tiempo van adquiriendo un conocimiento útil de sus instalaciones u horarios.

Esos clientes son los más fieles, independientemente de los puntos que acumulen.

Una vez que sepas cómo identificar a los clientes que mejor te conocen, la recopilación de datos se convertirá en un sencillo intercambio de datos. Proporcionar a esos clientes mejor información creará un flujo recíproco de datos y de valor mutuo.

Aplicando una mentalidad de datos:

¿Hay alguna actividad que requiera técnicas diferentes para extraer datos de clientes actuales y potenciales? En lugar de esforzarte por captar datos, ¿qué pasaría si buscaras datos que puedas dar a tus clientes y que les ayuden a ser más eficaces o eficientes? ¿Qué podrías hacer para crear un flujo bidireccional de datos de gran volumen? ¿Cómo medir el flujo de datos en ambas direcciones y correlacionarlo con la mejora del resultado de tu negocio?

Referencias de consulta

Ott, Gilbert. "Los programas de fidelización de hoteles están jugando a un juego tonto que perderán" ('Hotel Loyalty Programs Are Playing A Dumb Game They Will Lose') GodSavethePoints August 22, 2022 https://www.godsavethepoints.com/hotel-loyalty-vs-credit-cards/

"Infografía: Los 5 factores clave de la fidelización de clientes - LoyaltyLion" ('Infographic: The 5 key drivers of customer loyalty' Loyalty Lion) February 12, 2020 https://loyaltylion.com/blog/infographic-the-5-key-drivers-of-customer-loyalty

JUGADA 52: ENSEÑAR A LAS MÁQUINAS A COMPORTARSE

La Inteligencia Artificial aprende como
un niño, si se le presentan malos
ejemplos creará malos resultados. Esta
jugada muestra cómo incluso los
líderes tecnológicos más renombrados
pueden cometer grandes errores con la
IA.

Un respetado gigante tecnológico creó un chatbot de inteligencia artificial diseñado para aprender rápidamente a mantener conversaciones en una red social. Lanzado con un vocabulario reducido, estaba diseñado para aprender de las conversaciones que mantenía con usuarios humanos.

El chatbot tuvo que ser retirado a los pocos días de su lanzamiento porque había aprendido a ser grosero y prejuicioso. El equipo de diseño no había tenido en cuenta a los usuarios humanos con los que conversaría y cómo las conversaciones se llenarían instantáneamente de vocabulario indeseable.

Otra organización líder del sector había estado utilizando sistemas de inteligencia artificial para evaluar a los solicitantes de empleo con el fin de encontrar a los candidatos más adecuados para cubrir puestos técnicos. Esta empresa pionera tomó la base de su aprendizaje de los empleados de alto rendimiento existentes en funciones similares en la organización.

Varios años después, la empresa se dio cuenta de que el sistema había desarrollado un sesgo en contra de las candidatas femeninas. Como los empleados que ocupaban estos puestos eran predominantemente hombres y los currículos contenían términos de orientación masculina, los algoritmos de lenguaje natural favorecían esas palabras cuando se les presentaba un nuevo currículo. Se penalizaban los currículos con frases como "capitana de ajedrez femenino" o candidatos de universidades sólo para mujeres. Al darse cuenta de esto, el sistema fue sustituido inmediatamente.

Para cualquier proyecto de aprendizaje automático, es vital proporcionar al sistema los datos adecuados. Los sistemas sólo aprenderán de los datos que se les proporcionen y tomarán decisiones basadas únicamente en esos datos, sin juzgar si el resultado puede perjudicar a alguna persona o grupo.

Aplicando una mentalidad de datos:

¿Estás desarrollando o encargando una aplicación de Inteligencia Artificial para resolver un problema de negocio? ¿Qué decisiones tomará? ¿Cómo se entrenará al modelo, se le dejará suelto entre los datos o se utilizarán humanos para reforzar su proceso de aprendizaje?

¿Qué resultados quieres obtener y qué resultados no quieres obtener? ¿Qué puede causar que el algoritmo genere resultados no deseados? ¿Cómo se puede entrenar al algoritmo para que evite crear estos resultados no deseados?

Referencias de consulta

Lauret, Julien. "La herramienta de reclutamiento sexista de Amazon: ¿cómo salió todo tan mal?" ('Amazon's sexist AI recruiting tool: how did it go so wrong?') Becoming Human, August 16, 2019 https://becominghuman.ai/amazons-sexist-ai-recruiting-tool-how-did-it-go-so-wrong-e3d14816d98e

Schwartz, Oscar. "En 2016 el chatbot racista de Microsoft reveló los peligros de la conversación online" ('In 2016 Microsoft's Racist Chatbot Revealed the Dangers of Online Conversation') IEEE Spectrum November 25, 2019 https://spectrum.ieee.org/in-2016-microsofts-racist-chatbot-revealed-the-dangers-of-online-conversation

GUÍA DE ESTUDIO

El libro contiene 52 jugadas, cada una de las cuales consta de una imagen, un breve resumen, la anécdota en sí, cómo aplicar el pensamiento y, por último, textos de referencia para lecturas complementarias.

Las jugadas no se han presentado deliberadamente de forma organizada, de modo que pueden leerse en orden aleatorio o en secuencia.

Para quienes necesiten más estructura o tengan un problema concreto que resolver o una situación específica que manejar, hemos clasificado todas las JUGADA en cada una de estas cinco categorías:

1. Datos Ocultos a simple vista
El arte de ver datos en todas partes
Plays: 2, 9, 12, 18, 23, 33, 40, 48

2. Cambiando Perspectivas sobre los Datos
Replantearse la forma de considerar los datos
Jugadas: 1, 4, 5, 8, 11, 19, 25, 30, 31, 34, 35, 37, 51

3. El Negocio de los Datos
Nuevos Modelos de negocio
Jugadas: 3,6, 14, 15, 16, 20, 21, 22, 24, 28, 29, 32, 45

4. Análisis de datos con cambio de signo
Visiones alternativas de los mismos datos
Jugadas: 7, 10, 13, 17, 27, 36, 38, 39, 42, 44, 46, 47

5. IA Responsable
Aprendizaje automatizado no dañino
Jugadas: 26, 41, 43, 49, 50, 52

	1 Ocultos	2 Perspectiva	3 Negocio	4 Análisis	5 Responsable
JUGADA 1		Sí			
JUGADA 2	Sí				
JUGADA 3			Sí		
JUGADA 4		Sí			
JUGADA 5		Sí			
JUGADA 6			Sí		
JUGADA 7				Sí	
JUGADA 8		Sí			
JUGADA 9	Sí				
JUGADA 10				Sí	
JUGADA 11		Sí			
JUGADA 12	Sí				
JUGADA 13				Sí	
JUGADA 14			Sí		
JUGADA 15			Sí		
JUGADA 16			Sí		
JUGADA 17				Sí	
JUGADA 18	Sí				
JUGADA 19		Sí			
JUGADA 20			Sí		
JUGADA 21			Sí		
JUGADA 22			Sí		
JUGADA 23	Sí				
JUGADA 24			Sí		
JUGADA 25		Sí			
JUGADA 26					Sí
JUGADA 27				Sí	
JUGADA 28			Sí		
JUGADA 29			Sí		

	1 Ocultos	2 Perspectiva	3 Negocio	4 Análisis	5 Responsable
JUGADA 30		Sí			
JUGADA 31		Sí			
JUGADA 32			Sí		
JUGADA 33	Sí				
JUGADA 34		Sí			
JUGADA 35		Sí			
JUGADA 36				Sí	
JUGADA 37		Sí			
JUGADA 38				Sí	
JUGADA 39				Sí	
JUGADA 40	Sí				
JUGADA 41					Sí
JUGADA 42				Sí	
JUGADA 43					Sí
JUGADA 44				Sí	
JUGADA 45			Sí		
JUGADA 46				Sí	
JUGADA 47				Sí	
JUGADA 48	Sí				
JUGADA 49					Sí
JUGADA 50					Sí
JUGADA 51			Sí		
JUGADA 52					Sí

WORKSHOP SOBRE ESTRATEGIA DE DATOS

¿Cuáles son los objetivos del taller?

Cuando organizamos talleres sobre estrategia de datos, pretendemos tres cosas. En primer lugar, inspirar a la organización y ayudar a desarrollar una visión. En segundo lugar, obtener una mejor visión de los datos disponibles, datos que deben tratarse como un activo corporativo. Y en tercer lugar, identificar y priorizar un conjunto de proyectos de ejecución que proporcionen un rendimiento saludable del activo de datos.

¿Quién debería asistir a este workshop?

Las reuniones y talleres presenciales son caros, normalmente miles de dólares por hora si asisten altos responsables de la toma de decisiones. Sin embargo, para poner en marcha una estrategia de datos eficaz, esas personas son necesarias, ya que garantizarán que se inicien los proyectos reales y que sus resultados contribuyan a la visión estratégica de la organización.

Además de ejecutivos, pedimos que estén presentes personas que entiendan el negocio, las operaciones, los clientes y los sistemas. Sin estas personas, la imagen será incompleta y las estimaciones menos precisas. Estos serán los equipos responsables de la ejecución, su contribución a la estrategia es crítica. Recomendamos entre 10 y 15 participantes para lograr el máximo compromiso y productividad.

Duración del Workshop

No caigas en la tentación de reducir esta sesión a medio día. Lo ideal es un ejercicio de dos días que proporcione tiempo suficiente para que todos los participantes comprendan, estén de acuerdo o desacuerdo, y, creen conjuntamente un plan viable.

Entregables del Taller

Una lista priorizada de proyectos que podrían completarse en los 3 meses siguientes a la terminación del taller. Una fecha límite a corto plazo favorecerá los proyectos más sencillos y que las iteraciones iniciales de proyectos de mayor envergadura tengan más probabilidades de demostrar beneficios tangibles en un corto espacio de tiempo.

Durante el taller, los proyectos deberán tener un alcance aproximado, se identificarán las categorías de beneficios y se les asignará un propietario.

Agenda

Este esqueleto de agenda muestra una secuencia de preguntas que impulsarán la estrategia de datos. Cada día consta de sesiones de 6 horas, lo que deja tiempo suficiente para los descansos y para participar plenamente en las conversaciones:

Día 1	Preguntas Clave	Día 2	Preguntas Clave
1 hora	¿Por qué estamos aquí? ¿Por qué esta organización debe considerar los datos de forma más estratégica?	1 hora	Recapitulación de la primera jornada: ¿qué hemos aprendido, qué problemas se han planteado, qué debemos hacer?
1 hora	Presentaciones y objetivos individuales, objetivos de la sesión, repaso del orden del día	1 hora	¿Qué otras necesidades pueden satisfacerse con los datos de que disponemos? ¿Existen nuevos mercados para nuestros datos?
1 hora	¿Qué son los datos? ¿Cuáles son los activos de datos de que disponemos? ¿Qué datos nos gustaría tener si pudiéramos?	1 hora	¿Existen modelos de comercialización de los datos brutos o procesados? ¿Cómo podemos aumentar la oferta de datos o el valor que les añadimos?

1 hora	¿Cómo podemos facilitar a la organización los datos que necesita para tomar buenas decisiones?	1 hora	¿Qué posibles proyectos de datos podríamos emprender? ¿Cómo podemos comparar y priorizar estos proyectos?
1 hora	¿De qué ecosistema más amplio forma parte nuestra organización? ¿Cómo pueden los datos mejorar las actividades extra organizativas?	1 hora	¿Qué riesgos y obstáculos potenciales podemos identificar que puedan impedir el éxito de estos proyectos? ¿Cómo mitigar estos riesgos?
1 hora	¿Quiénes son nuestros clientes? ¿Qué datos nos gustaría tener sobre ellos? ¿Qué querrían nuestros clientes compartir con nosotros y por qué?	1 hora	¿Qué proyectos podemos comprometernos a llevar a la siguiente fase: viabilidad, presupuesto y creación de prototipos?

Nuestra Experiencia

Hemos impartido estos talleres tanto en contextos académicos como empresariales de numerosos sectores. En todos los casos nos esforzamos al máximo por implicar plenamente a los participantes y por garantizar que todas las voces de la sala sean escuchadas y reconocidas. Las mejores ideas surgen de las personas menos esperadas: El debate y la ideación son fuentes sorprendentes de generación de ideas. Desde las personas más introvertidas hasta cualquiera de los miembros del equipo, independientemente de su nivel de experiencia, puede ofrecer resultados inesperados y espectaculares. Te animamos a que vengas a estas sesiones con una mentalidad de principiante y una mentalidad de datos.

AGRADECIMIENTOS

Este libro se ha inspirado en más de veinte años de conversaciones con amigos, colegas y clientes. Hemos pasado horas en aulas, en pizarras, en llamadas, en comidas y bebidas o simplemente paseando y hablando de datos.

Gracias por sus brillantes ideas y su visión crítica de la evolución de nuestra mentalidad de datos, Mar Aguado, Ignasi Alcalde, Philip Andrews, David Antelo, Carola Arbolí, Luis Aribayos, Phaedra Bionodiris, Craig Brennan, David Carro, Juanjo Casado, Ramsay Chu, Darren Cornish, Andrés de Cuevas Morón, Javier de Prado, Miguel Díaz Roldán, Stephen Doran, Chris Downs, Ana Maria Echeverri, Richard Elliott, Teri Elniski, Beatriz Escriña, Adolfo Fernández Merino, Juan Luis Galán, Juan Luis Galán, Chirag Gandhi, David Gilaberte, Alfonso Javier González, Etienne Grisvard, Simon Handley, Iain Henderson, Anne Hunt, Rahel Jhirad, Chris Kalaboukis, Musaddeq Khan, To Kim, Chetan Korke, Chuck Lam, Marcelino Lominchar, Sergio López Miguel, Mike MacIntosh, Vicente (Fito) Martínez, Sergio Maldonado, John Marshall, John Milinovich, Craig Miller, Lucía Miranda, Miguel Moreira da Silva, Blanca Moscoso del Prado, Carlos Muñoz, Suresh Nair, David Needham, Rafael Negro, Jim Novack, María José Pardo, Jacinto Pariente, Miguel Peco, Milton Pedraza, Pablo Penone Díaz, Víctor Pérez Arias, José María Pérez-Caballero Gallego, Claudia Perlich, Diego Prado, Steve Prokopiou, Ramón Puga, Shamon Ratyal, Raúl Retamosa, Damian Roca, Susana Rodríguez Urgel, Beth Rudden, David San Felipe, Jeffrey Schaubschlager, Felix Schildorfer, Lucía Schmid, Doc Searls, Ana María Seijo, Celine Takatsuno, Amit Tewari, Aparna Uberoy, Pete Warden, Andreas Weigend, Chris Wiedmann, Julian Wilson, Jason Wolfe and Arti Zeighami.

Gracias a Charo Alonso-Villalobos, Ansley Echols, Loela Domínguez, Ana Francés, Jane Gideon, Julia Link, Chris Micklethwaite, Rebecca Morton-Doherty y Dilip Ramachandran por su apoyo, sus ánimos y su aguda mirada.

Gracias al algoritmo de traducción de Deepl.com porque sin él las horas empleadas en traducir este texto en mi lengua vernácula hubieran sido una tarea completamente diferente. Y gracias a Charo, también a Ana y Loele por bajar un primer ejercicio de traducción automatizada a su lengua madre. De nuevo, un ejemplo perfecto de un producto de datos aumentado por la inteligencia de humanos en su lengua madre.

Gracias a todas las personas amables y curiosas que forman parte del colectivo de nuestros clientes, porque gracias a vosotros hemos podido poner en práctica y cultivar nuestra mentalidad de datos como un ejercicio colaborativo que va más allá de lo que habíamos soñado.

Y, por último, gracias a nuestros estudiantes, que escucharon, asimilaron e hicieron suyas estas ideas.

SOBRE LOS AUTORES

Gam y Bernardo viven en Madrid, ambos imparten clases en IE Business School y trabajan juntos en una solución tecnológica que utiliza los datos aparentemente poco valiosos de las empresas para visualizar y agilizar los procesos empresariales.

Bernardo Crespo es emprendedor, inversor en startups y también asesor para ventures builders de empresas basadas en datos. También es Director Académico del Programa de Dirección de Transformación Digital de IE University - Lifelong Learning durante las últimas once ediciones del programa. Anteriormente fue Digital Transformation Leader en Merkle España y también Responsable de Marketing Digital en BBVA en España donde lideró una iniciativa intensiva en datos basada en mecánicas de Gamificación que fue caso de estudio por prestigiosas firmas tecnológicas como Gartner y Forrester. Estudió el último año de su licenciatura en Administración y Dirección de Empresas en la Universidad de St Andrews en Escocia, se graduó en la UCLM en España y es también coach ontológico certificado por Newfield Network. Bernardo reside en España, donde ha sido reconocido como uno de los 50 principales influencers en Transformación Digital por el diario Expansión.

Gam Dias es socio de la consultora británica de transformación digital 3PointsDIGITAL, donde ayuda a las organizaciones a comprender y aprovechar los datos como un activo corporativo. Es profesor de Estrategia de Datos en IE Business School y anteriormente cofundó la consultora de comercio electrónico First Retail en Silicon Valley. Comenzó su carrera en el Reino Unido como desarrollador de sistemas de información de gestión, pasó a ser director de producto para el proveedor de BI y análisis Hyperion, y dirigió el equipo de producto e investigación de una startup de análisis de texto.

Como consultor, ha ayudado a elaborar la estrategia de datos de empresas de la lista Fortune Global 500, nuevas empresas innovadoras y ambiciosas organizaciones sin ánimo de lucro. Es licenciado en Informática por la Universidad de Liverpool y tiene un MBA por Warwick Business School. Gam ha vivido en Londres, Leeds, Salt Lake City, Santa Cruz, San Francisco, y actualmente vive y trabaja desde Madrid, España.

Printed by Amazon Italia Logistica S.r.l.
Torrazza Piemonte (TO), Italy

46085182R00127